大是文化

辦活動的技術

從數十人講座、派對，到千人大會，
從預算、場地到主講人邀約，
如何讓來賓
像期待度假一樣
還想再來？

Unforgettable
The Art and Science of Creating Memorable Experiences

三十多年執業經驗，曾為科氏工業、
美國職業高爾夫協會辦活動的體驗打造大師

菲爾・默尚（Phil Mershon）——著
廖桓偉——譯

獻給奧黛莉（Audrey）：感謝妳一直相信我能寫出這本書，即使在我自己也失去信心時也如此。

同時以此紀念崔西・布魯耶特（Tracey Brouillette），她一開始是一位業務代表，但後來她幾乎每次跟我在一起時，都為我創造了難忘的體驗，進而成為朋友。

目錄

第二部 現場，永遠有意想不到的狀況

第三部 魔鬼藏在細節裡，怎麼與眾不同？

各界讚譽

「菲爾・默尚是創造難忘體驗的大師。本書分享了許多祕訣，讓你能夠將乏味的活動化作令人終生難忘的時刻。這既是商業的未來，也是一張藍圖，足以讓你在今日的嘈雜世界中脫穎而出。」

——傑西・科爾（Jesse Cole），薩凡納香蕉棒球隊（Savannah Bananas）老闆

「我總喜歡在自己舉辦的活動中，創造意料之外的神奇時刻。但我做這事從來沒有訣竅或祕方，多半是靠本能與技巧。而菲爾終於（在這本著作中）提供了我以及世上數以千計的活動籌辦人和主辦方這些妙招。如今，無論我是否在場，我的團隊都能打造出深刻的體驗。」

——J・J・維金（JJ Virgin），《紐約時報》（*The New York Times*）暢銷書《維金飲食》（*The Virgin Diet*）作者，醫療專業社群 Mindshare Summit 創辦人

「任何人都能辦活動，但只有厲害的人，才曉得如何創造難忘的體驗。菲爾在這本書中慷慨的分享一切必備的知識，使你能改變人們的感受、想法與行動。」

——麥可・波特（Michael Port），《紐約時報》暢銷書《獨領風騷》（*Steal the Show*）作者

「若要加深我們與顧客或團隊的關係，沒有任何方法比辦一場深刻的活動更有效率的了。既然這樣，我們就更應該把它辦好！菲爾將難忘活動的終極祕訣系統化、分類並簡化。無論是現場直播的 Zoom 會議、團隊的小型靜修[1]、大型商業會議、甚至籌辦你的下一次生日派對，本書都必列在參考書單的首位。」

——查琳・強森（Chalene Johnson），《紐約時報》暢銷書《推動》（*Push*）作者、《查琳秀》（*The Chalene Show*）主持人

「我參加過上千場活動，其中由菲爾・默尚操刀的活動，我至今都記得一清二楚。沒讀過這本出色的書之前，千萬別輕率規畫活動！」

——傑・貝爾（Jay Baer），名人堂專題演講人、《觸發談話》（*Talk Triggers*）共同作者

「行銷人員只有一個共識：你必須與眾不同、脫穎而出。而說到打理各種大小場子，菲

爾・默尚可是奇才。請把這本書當作活動成功的必讀指南！」

——馬克・薛佛（Mark Schaefer），《叛逆行銷》（*Marketing Rebellion*）作者

「這就是我一直在等的書！菲爾・默尚終於用有趣的故事和比喻，將他的天才見解包裝成冊。本書是市場的及時雨，我正需要它來規畫我的下一次難忘體驗。」

——西格倫・古瓊斯多蒂爾（Sigrun Gudjonsdottir），暢銷書《啟動你的線上事業》（*Kickstart Your Online Business*）作者、事業教練、TEDx演講人

「從計算感官刺激和空間行為學，到革新演講人的休息室，本書包含所有你以為自己不需要的知識。包括必備的祕訣、有說服力的觀察、危機管理，以及嚴謹的指示。無論你希望升級下一次聚會、或是規畫為期數日的全球大會，本書都會帶你走過活動規畫的每個重要步驟，並且絕對配得上它的書名。」

——米莉・羅德里格斯（Miri Rodriguez），微軟公司（Microsoft）資深說書人

1 編按：retreat，包含休閒活動、非專業知識領域演講等的休憩場合，旨在培養組織成員關係與經驗分享。

「迪士尼（Disney）創辦人華特・迪士尼（Walt Disney），比任何人都了解體驗的魔力。菲爾則做了一件了不起的事情：提供具體實用的建議，讓任何人都能將活動化為引人入勝、難忘的體驗！」

——鄧肯・沃德爾（Duncan Wardle），iD8 Studios 創辦人

「菲爾・默尚將數十年的活動規畫經驗，全塞進了這本必備案頭書，這是所有活動規畫的首選參考資料。」

——丹・金吉斯（Dan Gingiss），暢銷書《體驗製造者》（*The Experience Maker*）作者

推薦序一

音樂、故事、體驗，讓我的活動成功

最強教學力名師、二十年活動籌備經驗講師／蔡淇華

「別擔心，我的新書發表會一定滿場。」

明明幾天前，我才這樣信心滿滿的跟出版社企劃打了包票，想不到發表會當天，仍看到臺下有幾個零零落落的空位。

「也來了八十幾個，不錯了啦。」企劃如此安慰我。

這段經驗，讓我不禁反思自己如此自信的原因——剛出書那幾年，我會為每一個故事寫歌。在新書發表會時，我總習慣先講書裡的故事，然後由一位老同學拿出吉他，演唱我們一起寫的歌。隨著鋼弦一刷，來賓總是馬上被氛圍所感動。

還記得有一年在臺北，那時我與同學為入獄的高中死黨石頭寫了一首歌。在歌曲剛結束、來賓情緒最飽滿之際，服刑七年後假釋的石頭，就這樣緩緩從幕後走出來，拿起麥克風

說道：「大家好，我是石頭。」那一瞬間，一半的來賓情緒爆發、眼淚潰堤。

在讀完《辦活動的技術》後，我才了解，原來是「音樂、故事和體驗」的力量讓許多讀者相信，在某個週末的午後，我一定會送給他們滿滿的感動。但是，當我忘了這些要素之後，我的新書發表會就逐漸變得平淡無奇了。

《辦活動的技術》作者菲爾，擁有三萬多個小時舉辦活動的經驗。書中，他提到一場自己最難忘的「體驗」活動：曾有一位傳奇福音歌手，在演奏會上請聽眾跟他講個故事，然後當場創作出一首優美且獨一無二的歌曲。這已經很令人驚嘆了，但他居然又做了第二次，這不僅創造出眾人共享的記憶，還讓它高度個人化，變成一場令觀眾永生難忘的體驗。

作者三十多年的不傳之祕，盡在此書

書中提到：「活動設計的成功，九五％都來自情緒。比起知識，故事更好記，也更容易引起情緒的共鳴。」此外，作者還整理出創造難忘記憶點的三大概念，其中只有「情緒體驗」能使人採取行動，因此活動規畫必須聚焦於五個核心情緒：希望、冒險、主動、接受、動機。一個活動只要能聚焦於其中三種情緒，就會令人感覺更安全，參與者也更能放心接受新的體驗。這使我聯想到，近年來臺灣職棒的進場人數越來越多，就是因為兼顧了希望、主動、接受、動機等四大要素。

此外，菲爾還提到：「當人們知道你已經照顧他們的安全，他們就會更加放鬆。」就像很多商家之所以成功，就是因為會為排隊的顧客提供小點心與飲料。單單這點，就能引起「雪球效應」：從非常小的事情做起，為一小群人創造強烈的體驗，最後就能影響所有人的體驗。

其實，並不只有辦活動的人需要閱讀這本書，在行銷年代，每一個人、每一間商家，都需要有能力創造「希望、冒險、主動、接受、動機」的情緒體驗。

當然，還要加上書中的諸多提醒，例如：情緒體驗必須與「不落俗套、感覺統合、反覆作業」結合；「用熟悉的舊，串起新記憶」就能創造新的體驗；人類的注意力只有七分鐘；辦理活動必須對抗「乏味、抗拒、孤立、疲勞、分心」五個敵人。但要如何對抗？如何利用「看法、感受、思維、關係、行動」去戰勝很難取悅的賓客呢？打開《辦活動的技術》這本祕笈吧！作者三十多年的情緒體驗不傳之祕，盡在此書中。

推薦序二

除了活動公關，領導人也該讀這本書

好感度教練／維琪

大家有沒有發現，在疫情過後實體活動又開始蓬勃舉辦了？但跟過去比起來，如今來到現場參與的民眾，更在意體驗的感受、更珍惜彼此見面的機會，所以假如只有場地、飲食到位，根本算不上成功的派對——人們更想透過參加你舉辦的活動，建立自己想要的社群。

真希望我在十五年前投入活動產業時，就能讀過這本書。

本書作者是位知名的創造難忘體驗大師，他在書中分享的活動規畫經驗，包括顧客、行銷、感官刺激，到空間行為各方面的知識，最終將其融合為「辦活動的技術」。讓我們不僅能參考前輩鉅細靡遺的經驗，更能以科學化的方式管理成效。接待人員該如何迎賓？休息時間要怎麼安排？正式活動空檔之間，可以安排什麼小活動？舉辦活動該了解的知識、情緒和方法，都詳細寫在書中。

現今的賓客，參加活動更在乎「價值」。儘管我們舉辦活動必須花費大筆預算，更時常帶有種種商業目的，但如果活動主辦方眼中只有「錢」的話，賓客肯定會從一走進會場那刻便感受到。因此，我們除了要將活動的商業目標放在心上，更要重視對客戶「承諾的利益」。如此在客戶提出要求時，現場的工作夥伴才能即時促成客戶的精彩體驗；而如果現場偶有小意外發生時，賓客也更可能選擇不計較。

以舉辦活動為主業的這十五年來，真的是我人生最高壓的時刻。作者在書中也提及，辦活動是地球上壓力最大前五名的工作，但他也說明了許多應對壓力的策略，其中一項我最喜愛的，就是「保持彈性」，讓我們優雅、輕鬆和快樂的面對挑戰。

這本書非常推薦「活動公關公司」或「活動協調人」閱讀，相信其中內容對於工作，一定有相當大的幫助。

不過，我更推薦公司領導人（如老闆、店長、高階主管等）也來看這本書。畢竟，**不管何種規模的公司，時常會布達許多政策，但是大家在組織內，大都會追隨領導者，而非政策本身**。書中提到，為何全美各地的星巴克能帶給顧客的體驗如此多變化？有些店當你一進門，便會有人大聲跟你打招呼，或者讓你感受快樂大家庭的氣氛；有些店面卻非常平凡，容易被人遺忘。除了店面裝潢是否美侖美奐外，由領導者為各分店建立的文化，會讓員工對待客人的態度從「心」不同。

除了策略和技術，作者還提到了深得我心、也是我經常跟客戶說的一句話：「完美的活動並不存在，但這並不會阻擋我們盡力為賓客提供『非凡體驗』的目標。」只要盡力讓賓客感受到你的價值觀，並努力為他們服務，在活動告一段落後，大家想起來的，肯定都是那些最享受、最感動的時刻。

推薦序三

我參加過作者辦的活動，終身難忘

丹・米勒，《紐約時報》暢銷書《48天找到你愛的工作》（*48 Days to the Work You Love*）作者

我參加過無數研討會、大會和社交活動。有些我幾乎記不得，有些卻創造了深刻回憶，即便活動結束好幾年，依舊鮮明的映在我的腦海。

在讀過本書後，我才辨認出那些活動包含的神奇成分——它們不只是努力準備很讚的內容或講者而已。最重要的是，我發現**「活動帶來的體驗」才是讓人難忘的主因**。

在這本令人大開眼界的書中，菲爾向我們詳細介紹這套祕訣，包括反覆作業、情緒、感覺統合、不落俗套等成分，用以創造難忘、深刻的體驗。

過去幾年來，我曾多次在田納西州的房子辦活動——那是一座舊穀倉，我與夥伴們稱它為「聖殿」。我們翻修了這座舊穀倉，因為在這裡辦活動既便宜又方便，現在回想起來才驚

覺，我們歪打正著、做對了某些正確的事。

我們規畫的內容很棒、演講人更不用說，但過了幾年後，我才聽到那些與會者印象最深刻的地方，居然是沿著自然步道散步、或是嘴裡塞滿我家那顆大桑樹長出的桑椹，或是第一次嘗試刺激的高空滑索。

那時，我們還會在黑夜中升起營火，讓大家圍坐在稻草堆邊，分享一個個痛苦的故事。有一次，我們舉行了一場有趣的美食冒險，一位義大利女士準備了豐盛的餐點，希望大家集思廣益，幫助她的事業成長。我們還曾沿著鄰居的長巷，走到他們的庭院吃飯。在另一場活動中，我們分享了安息日[1]的餐點，人們看著裝到滿出來的杯子提醒自己：「自己要先富足，才能好好服務別人。」

還有次在為期兩天的教練集訓中，我的四歲孫女衝進大門，宣布我們必須為一隻青蛙辦葬禮。當時參與活動的六十個人立刻起身，跟著她到青蛙安息的地方。我們舉辦了簡短的葬禮、一起唱了一首歌，然後回頭繼續受訓。我猜沒人會忘記那場葬禮，因為它出乎意料、非比尋常。

我們請與會者一起騎電動自行車、划獨木舟，以便在呈現活動「內容」之前先讓大家熟識彼此。一位醫師講者還曾請我們脫掉鞋子走在草地上，以創造「腳踏實地」的體驗。

你即將要閱讀的這本書，充滿了各種方法的精彩實例，**它們不只用於大會，也能應用在**

餐廳、員工研習或靜修、宗教活動和虛擬聚會。

如果你希望你的訊息被人聽見，請將它包裝成一次體驗，令你的參加者永生難忘。我曾參加過本書作者籌辦的活動。說到打造既增廣見聞又深刻無比的體驗，他可是有真功夫的。請照著這本祕笈來規畫你的活動，這樣這些聚會就不僅僅能給來賓新知，還能給他們改變一生的體驗，同時你也能因此成長，成為出色的活動主辦人。

1 編按：基督宗教與猶太教中，聚會、紀念，與休息的日子。

推薦序四

活動規畫史上最專業的書

史考特・麥凱恩，暢銷書《偶像級》（*ICONIC*）作者

有些書做出貢獻、有些書發起革命。本書對於活動產業而言，就是這種極具開創性的書。它會激勵你大膽發誓：「我再也不要辦無聊的聚會了！」

不過你可能跟我一樣：很多書承諾你會達到某一目標，卻沒有把成功的過程講清楚。這就是這本書具代表性的地方。菲爾將會啟發你，釋放你心中的藝術大師畢卡索（Pablo Picasso），更提供你顏料、筆刷和畫布——也就是細節，這些都是讓聚會成為藝術傑作的必備要素。

我很榮幸能出現在菲爾設計的活動節目中。那些場合都難忘無比——彷彿每個要素都經過科學計算、各具自己的特色。菲爾是說到做到的人，他想啟發你打造活動，於是便把各方面的重要知識都傾囊相授——他清楚的教了你，該怎麼做到這一切。

我在世界各地做過三千次專業簡報，觀眾多達兩萬人，但我有個遺憾：真希望每位來參加會議的專業人士都讀過這本書，這是活動規畫史上最棒的書。

二十多年前，我寫下我第一本商業書《每個企業都要表演！》（*ALL Business is Show Business*），並堅信創造體驗是組織成功最關鍵的環節。菲爾・默尚藉由這本著作，將這個觀念提升到更重大的層級。無論規畫小型聚會或大型會議，我保證，你都需要這本書！

前言
累積三萬多小時經驗，與你分享

我永遠忘不了奧勒岡州的卡農海灘（Cannon Beach）。那是我第一次看見「時間靜止」的地方。當時我在會議中心參加靜修，晚餐稍事休息後，我決定沿著海灘散步。接下來二十至三十分鐘，我看見美麗的夕陽景致在眼前展開，它持續隨著風向和地球轉動變化著。我不禁又唱又跳了起來——雖然我跳舞很難看。

二〇〇〇年代初期，我那時的雇主出了一道難題給我。史蒂夫·布朗博士希望激勵我成為當月最佳員工，接著他說了一句我終身難忘的話：「你永遠不知道，十五分鐘就能改變你的一生。」

早在一九九六年，科氏工業集團的新進員工就對我讚譽有加，因為在他們參加過的種種訓練中，就屬我辦得最好。參加過「社群媒體行銷世界」（Social Media Marketing World）的人們，也稱讚這是「有史以來最棒的大會」。起初我以為這只是某種誇飾、或者他們的標準太低，但一陣子後，我不禁開始思考，自己是怎麼讓活動變得特別的。

二〇一七年，我開始動筆寫這本書，起初我試著討論該怎麼讓時間靜止。但寫了一陣子後，我才明白我的目標並非如此。我不可能真的讓時間靜止，但就算從象徵面來說，我也發現那次夕陽體驗不過是客觀環境的副產物，環境並不是我能影響或控制的。

於是，我把重點改成難忘、甚至忘不了的體驗。在喬爾．康姆和凱倫．安德森的鼓勵下，我於二〇一九年請求摩根詹姆斯出版社出版我的作品。如果二〇二〇年全球沒有爆發新冠肺炎疫情，本書早在二〇二〇年夏季就會開始跑出版流程了。但正因為我們多花了兩年潤飾本書，它比之前有條理多了。

三萬多個小時的教訓，助你成功

當你開始猛啃這本書的時候（沒錯，你會讀到不少關於麵包的冷笑話和雙關語！），你會發現，本書的核心主題就是「烤麵包」。

理由很簡單：**你可以教會任何一個十歲小孩烤出能吃的麵包，但若要烤出達人般精緻的麵包，你就必須花費一萬小時練習和研究**。不妨想像一下，假如你向專業麵包師學習，學習曲線能縮短多少？

曾有位朋友告訴我，這就是我在為讀者做的事情。我將我的三萬多小時，以及我從許多朋友、書籍和活動節目學到的教訓，彙整成十五個章節。我希望你在幾小時之內，就能學會如何避免我犯過的錯，並學會將重點放在「讓活動真的創造持久轉變」的事物。

每個章節的結尾都有「辦活動的技術」小單元，這是讓你立刻實作所學的機會。根據我的經驗，當你讀了一本書，卻沒有立刻照你學到的東西去實踐，感覺就像打針一般（需要花不少時間吸收），但我試著幫你立即獲得一些知識養分。讓我們開始辦一些難忘的活動吧！

序章
我辦的活動不只難忘，還能獲利

我永遠都忘不了艾波（April）這個人。那時，她和我邊閒聊、邊等活動節目開始。我告訴她，我正在寫一本關於怎麼辦活動的書，而她幾乎尖叫著說道：「謝天謝地！請你務必導正那些我老公參加過的枯燥訓練！他一直很害怕那些事，回家時情緒還很低落，我總害怕他因此崩潰。我知道這情況只會越來越糟，並祈禱有人能解決這個問題。」

真是夠了。別再辦那種「沾醬油」的活動了。

這話是什麼意思呢？

我指的是那種無聊、反應冷淡、令人沒有幹勁的活動，人們一下子就忘了。這種活動無法改變參加者，甚至讓他們在下次「必須」參加另一場活動時心生恐懼。

我們以往在辦企業訓練時，都會開玩笑說這是「注射式訓練」。所謂沾醬油的印象就是從這裡來的。比方說，我們會派人去參加騷擾防治訓練，並假設他們會從此改變。或者派所有員工參加培訓研討會或管理課程，並期望每個人都能理解並應用他們學到的東西——在多數情況下，**這只是在把資訊塞給他們，而不是轉變人心的體驗。更糟的是，這種訓練只對公司有益，而不是參與者。**

夠好的活動：所有環節都得到位

有次我問一位同事，她聽到「靜修」這個字眼會想到什麼。她的回答嚇到了我：「一場枯燥乏味的聚會，卻裝成很有趣的樣子。」

人生太寶貴、時間太少，你不能總是請別人參加無法啟發、武裝或改善他們的活動。先說好，不要再辦沾醬油的爛活動了，好嗎？

假如你是某個主題的專家，辦了一個研討會，並想讓人們轉變、做好準備。而當你發現其結果經常不如你預期時，你該如何是好？假如你發現問題出在自己身上，你又該怎麼辦？

說句公道話，大多數活動都不是真的很糟。其實，糟糕的活動至少令人難忘，反而比無聊的活動更能使你做出改變。在無聊的活動中，你只會昏昏欲睡或努力忍受，最終漸漸變得麻木。但在糟糕的活動中，你會感到失望、要求退款，或決定把時間花在更值得的地方。

在這本書中，我會教你如何舉辦「難忘到永遠忘不了」的活動。

假如你辦的活動，足以成為參加者當年的精彩時刻之一，那該有多棒？說不定還有更好的——試想一下，在五年後，當時的參加者竟然將你辦的活動，評為他們人生或生涯中最關鍵的轉折點之一。

在一大堆平庸的活動中，你絕對可能打造既非凡又難忘的傑作。我想告訴你：哪些成分是必要的，以及哪些錯誤會無意間讓活動失敗。

如果你有受眾，那麼辦活動就很簡單；但是**辦一場既能獲利、又讓大夥樂在其中的活動，就需要更多努力**；至於打造足以轉變人心、令人讚不絕口的旅程，就更困難了。但假如你理解幾個簡單的動態，這件事就沒有你想的這麼難。

在讀完本書目錄之後，你或許會想：「我不覺得這個流程，有什麼神奇或不同的地方呀。」某種程度上，你是對的。所有活動都有共同之處。它們都有開頭、中段，和結尾。大多數活動都有演講人、派對、食物、交際應酬，以及參與者。這些都是舉辦活動時的主要成分。一場活動若要辦成，這些事情都必須到位，否則參加者就不想來、他們的老闆也不會出錢買票。

迪士尼的手段，都藏在細節裡

平凡與非凡的差異只有一處，就是細節。

好了，我已經把本書最重要的一句話傳授給你了，但你應該繼續讀下去，因為我會告訴你，你該注意哪些細節，它們將會使你下次辦的活動更加難忘、甚至想忘也忘不了。

我舉個活動產業以外的例子。迪士尼世界（Walt Disney World）絕對擅長創造出非凡的記憶，進而塑造出一家人的共同回憶。另一方面，環球影城（Universal Studios）也能打造緊張、刺激的記憶，但很快就會消退（這兩間公司的執行長可能都會想反駁我，但請容我解釋一下）。

迪士尼世界，把重點放在顧客的體驗：**他們重視細節，因此客人會帶著快樂的回憶離開，或者至少得以暫時擺脫生活中的瑣事**。迪士尼的團隊運用科學找出垃圾桶最佳間隔距離，以及最佳排隊等候時間；他們活用 RFID[1] 技術創造既驚喜又愉快的時刻——讓人見人愛的公主及時出現在小女孩的生日派對上。

這座樂園的前營運長李．科克雷爾（Lee Cockerell）便宣稱，迪士尼的魔法是透過對細節的高度關注，謹慎打造出來的，並且持續從每位成員身上學習。

我並不是想貶低環球影城，因為我也很享受它給我的體驗。但它的體驗似乎更聚焦於「創造短暫刺激的遊樂設施和展覽」，而這些記憶很快就消退了。青少年或許喜歡追求刺激、所以會一再搭乘同樣的設施，但隔天他們的感覺便會變得麻木，更傾向改玩別的項目。

當我回想在這些度假村度過的假期，我也許會聊到環球影城的遊樂設施，但我更會提起迪士尼帶給我的回憶。這些回憶或許是遊樂設施產生的，但它們更常包含了一種人際的聯繫，既出乎意料又受人喜愛。

說到活動體驗，你當然要創造緊張刺激的時刻，但更重要的是，你要讓它們難忘——讓大家持續討論它們好幾個月甚或好幾年。

參加你的活動有何價值？學習、快樂、交朋友

這或許是你得搞懂的事情中，最重要的一件。人們會來參加活動，是因為這些場合保證能讓他們學到東西、建立人脈，以及獲得有趣的體驗。但他們之所以選擇再次回來參加，是因為他們改變了——他們發現了重要的事業聯繫、學到重要的事物，以至於他們必須回來再體驗一次。

有些人曾經替職業組織辦活動，也就是身為會員必須參加的那種，這樣他們才能延續學

1 編按：無線射頻辨識（Radio-frequency identification 的縮寫），一種被廣泛使用的無線通訊技術，能用於定位、辨識、管理人員或貨物等。

分或維持會員身分。但如果，**參加者期待你的活動時，就跟期待他們喜愛的度假勝地一樣，**那不是更棒嗎？

我認為這是有可能的。這並不是說北達科他州法哥市（Fargo）這類地方的美景和魅力足以媲美度假勝地大溪地（Tahiti），我是說活動本身就能夠引人入勝，讓大家願意前往任何地方。地點和會場固然重要，但只要你建立了活動的價值，它們就沒你想的那麼重要了。

活動無聊的百百種原因

最近我問了我的線上社群，活動無聊的原因是什麼？以下是他們的一些回答：

- 演講人沒有準備、不夠投入，或是無法啟發人心。
- 食物很難吃。
- 活動規畫很爛。
- 我不得不來（非自願參與）。
- 缺乏時間意識。

- 坐著不動的時間太長。
- 沒有提供咖啡、無線網路、充電座。
- 有趣的氣氛顯然是裝出來的。
- 被迫或尷尬的交際應酬。
- 昏暗的燈光、假植物、百無聊賴的接待員。
- 簡報太長、推銷太多。
- 參加者的心態是「我必須參加這個活動」，而不是想了解活動內容。
- 活動沒有被設計成不同感官的學習方式（動覺、聽覺、視覺）。
- 資訊太多、見解卻不夠。
- 房間布置（椅子不舒服、燈光很差、擠到無法走動）。
- 沒有社群、互動極少。
- 參加者覺得自己不受重視或尊重。

其中我最喜愛的回答，或許是XChange Approach執行長喬恩．伯格霍夫的答案：

「我覺得這不叫做無聊……這根本叫打擊士氣，這是該被淘汰的工業時代典範，這類活動下意識的引導我們對聚會的思維。如果對於團體的可能性抱持『自我中心』而非『生態中心』的意識，就會產生這種結果。這種活動完全忽視了創造力——創造力能將被動的學習型態轉變為主動參與（最後徹底轉型）、讓受眾登上舞臺、設計並促進能夠解放潛能的對話，並決定其優先順序。其規模和速度都具有無比的潛力，只是一般情況下都沒人觸及。」

這些事情，我們在本書中會處理不少。其中有些問題比別的更重要，你之後就會明白，但這也取決你設計活動的體驗。

過目即忘的電影，賠上千萬

二〇一六年夏天，我和我太太看了兩部電影，彼此相隔一週。第一部是《失落之城》（*The Lost City of Z*），第二部是《星際大戰外傳：俠盜一號》（*Rogue One: A Star Wars Story*）。這兩部電影給我們的體驗簡直天差地遠。以下是幾個比較點：

- 看《失落之城》時，我跑了五次廁所（其他電影我大概都只會去一次）。但看《俠盜一號》時我完全沒離開座位，因為我不想錯過任何一場戲。

- 《失落之城》令我注意力渙散。我那時收到了一封簡訊，索性便跑到影廳外面回訊息，但《俠盜一號》令我忽略了所有外在刺激。
- 《失落之城》的美景固然無與倫比，但我覺得它的劇情無聊到爆，《俠盜一號》的劇情正如我的預期，不僅沿襲《星際大戰》（*Star Wars*）系列的傳統路線，它的動作戲、圖像、技術和優異的演技，也令我目不轉睛。

我也根據公開資料計算了兩部電影的獲利能力。以下是結果：

《俠盜一號》
觀影人次：一億人
預算：兩億美元
毛利：十億五千六百萬美元
淨利：八億美元以上

《失落之城》
觀影人次：一百九十萬人
預算：三千萬美元
毛利：一千九百萬美元
淨利：負一千一百萬美元

你們還是可以在串流服務上收看《失落之城》，而且有些人或許會覺得，本片仍有可看之處，但數字秀出來就是這麼可怕。其他人一定會認同我對本片的評價——很無聊。它沒有爛到要被下架的地步，但觀眾肯定看完就忘了。

成本像石頭，沒漣漪就是浪費

你是否曾經仔細審查自己的活動預算，想找出可以省掉的事物，並為你可能想新增的支出預留空間？

那麼，千萬不要連牙刷都省掉。

對牙齒保健大會來說，這個建議聽起來很棒。但跟其他人有什麼關係？

讓我用故事回答你。

二〇一六年，我們正在擴大「社群媒體行銷世界大會」的場地規模，從一間旅館擴大到一整座城市（這意味著人們會分別住在好幾間旅館，會議則在中心地點——聖地牙哥會議中心舉行）。

在這段過渡期時，我們曾盡力試著設身處地為參加者著想。我們明白活動只在同一間旅館舉辦的好處之一，就是參加者可以在活動節目之間，自由回到自己的房間梳洗、換衣服、刷牙。但如果活動中心距離旅館至少有足足十到十五分鐘的路程，他們就很難這麼做。

為了消除這種兩難，我們想到幾個方法。例如，我們知道參加者在一整天的交際應酬、吃吃喝喝之後想要恢復口氣清新，因此對某些參加者來說，薄荷糖、漱口水、牙刷、牙膏是非常重要的。

於是成本問題就來了：若要幫所有人購買牙刷和牙膏，費用可不便宜。我們做了一些有創意的研究，發現若要為每人多花三美元，五千人就要花上一萬五千美元，這可沒有列在預算內。

幸好不是每個人都需要牙刷和牙膏，所以我們不必買到上千套，但還是必須買到足夠的用量，才不會用光，但這樣還是得花好幾千美元。最後，我們決定限量提供洗漱用具，結果好評如潮，於是連續好幾年都這麼做。

在評估預算的時候，有些人並不知道其背後的原因，就詢問我們為什麼要花這麼多錢買牙刷。他們質疑道：「我們又不是旅館。大家難道不能自己帶牙刷和牙膏嗎？」

於是我們簡短回答：「當然可以，大多數活動都這麼做。但我們很清楚，假如有人真的很想刷牙、才能舒服的參與接下來的節目，那麼他們至少要花三十分鐘來回，不回來參加活動的機率也提高了。這對他們和我們來說都不是好事。他們可能會錯過重要的課程或人際關係，偏偏這場活動的價值就在這裡。而我們也有損失，因為每個人都對我們試圖創造的整體體驗有所貢獻。」

假如這件事似乎沒必要，我們該怎麼正當化這筆費用？以下是可以考量的觀點：

1. 顧客服務：我們深信「預測需求」和「尋找解決之道」是必要的作風。我鼓勵我的團隊要「讓人開心一整天」。

如果提供盥洗用具能讓人開心一整天，那麼這筆開銷根本不算什麼。例如有名丹麥女士瑪蓮娜（Malena）在二〇一九年時來參加我們的活動。她來到顧客服務櫃臺，詢問哪裡有藥局可以買牙刷和牙膏，因為她的放在旅館。櫃臺卻告訴她，只要沿著走廊直走就能找到漱口水、牙刷和牙膏。她聽了之後目瞪口呆。我們對於細節的重視令她非常驚訝，而她的回應，便導致了下一項提高投資報酬率的因素。

2. 口碑行銷：瑪蓮娜回家後，跟多達五十位朋友聊起她在社群媒體行銷世界大會的美好經驗，接著又聊到免費牙刷。免費牙刷代表我們對她的關心，並且對每個細節都很講究。於是有好幾個朋友，後來也來參加這個活動。

3. 網紅行銷：演講人和網紅所注意的事，總是令我意外。

我曾聽過一集 Podcast 節目，其中傑．貝爾和麥可．史特爾茲納在聊前者的著作《觸發談話》。在那集節目中，傑提到一個我們的知名做法——我們每場大會都會請人來演奏原創音樂。接著，他又將免費牙刷視為我們注重細節的例子之一。這集節目的聽眾超過四萬人。有多少聽眾因為聽了這集節目，而買票參加我們的活動？天曉得，但影響力肯定很大。

以下是我試算一支牙刷的投資報酬率：

成本：
每人 3 美元

收入：
1,697+1,394+1,697
=4,788 美元

一位快樂的顧客決定再次參加，是第一筆 1,697 美元。

這位快樂的顧客跟 50 名朋友聊到這場活動，其中兩位朋友買了線上版門票，是第二筆 1,394 美元。其中一個朋友更決定親臨活動現場，是最後那筆 1,697 美元。

投資報酬率：
光是一位顧客的正面體驗，就足以支付我們當年所有的牙刷和牙膏費用。

當然，不是每支牙刷都有這種報酬率，而且顧客的決策也不能完全歸因於牙刷，但可以確定的是，我們花了三美元買牙刷，結果產生了巨大的漣漪效應。

我們該省掉牙刷嗎？只要我是活動總監，就不會。

我相信祕訣在於讓參與者能「始終如一」以及「保持大大的微笑」（畢竟這樣，會令人想知道你遇到了什麼好事）。如果想讓他們保持大大的微笑，你就需要牙刷。

現在，換你來創造難忘的體驗了。

本書分成三部。我以烤麵包作為主要比喻，教大家怎麼創造難忘的活動體驗。

第一部，我們會定義什麼叫做「成功」：我們怎麼知道某件事情達到難忘的程度？我們會審視三個目標，接著揭曉五個對你的成功最大的威脅。

第二部，我們會探討創造活動體驗時最主要的成分。

第三部，我們會幫助你創造你的祕笈：本書不會直接給你練功指南，而是教你如何創造自己的祕方。

辦活動的技術

試問：如果人們認為你的活動很無聊、令人提不起勁，或是很容易忘掉，這會對你的事業、訊息或使命產生哪些後果？

練習：想想看，你能為參加者創造什麼樣既難忘又轉變人心的體驗？請詳細描述它，並與你的團隊討論。

第一部

讓來賓記住你、宣傳你

第一章
創造難忘記憶點的三大概念

我永遠不會忘記我第一次在演唱會看見肯・梅德馬（Ken Medema），他是一位傳奇福音歌手。那時他請一位聽眾跟他講個故事，然後就當場創作一首優美且獨一無二的歌曲。這已經很令人驚嘆了，但他居然又再做了第二次。他讓一場很棒的演唱會變得難忘，因為他將它高度個人化，並創造出眾人共享的體驗，永遠都無法複製。

大多數的體驗都很容易被遺忘。我們會有些相當難忘的負面體驗，並希望能將它們從腦海洗掉。但也有些體驗，我們會珍藏一輩子。

是什麼原因讓這些體驗如此鮮明？我認為有三個主要成果，只要能夠將其結合，就能產生難忘的效應。雖然我們無法隨心所欲掌控這三個成果，但我們能夠創造條件。**一次體驗只**

要記憶鮮明、有意義、重大，就能讓它變得難忘。

讓我們來探討這三大概念吧。

概念一：人們會記得感受，而非事實

我們的記憶並不完美。**我們更容易記得感受而非事實**，並會挑選記憶當中比較容易保存的部分。負面記憶會使我們做惡夢——不必多說，體驗設計師總想迴避負面記憶，但有時候它們還是會發生。

二〇一八年，我們有幾位客人擔心某些問題會威脅他們的個人安全。直到那時為止，我們的聚會似乎都一團和氣，所以放鬆了警戒。我們首先盡力安撫客人，接下來便努力想出策略，以在未來保護我們的客人和員工。

有時你設計的體驗對大多數人來說很驚喜，但對少數人來說卻是種創傷。

二〇一九年，我們的閉幕講者馬克・薛佛，想用極度難忘的方式結束他的演講。他想施放煙火、撒下五彩碎紙。於是我與團隊合作，最終用約一百支五彩碎紙炮打造一場室內煙火秀（受到消防法規限制，煙火只能透過螢幕播放）。真是令人興奮的時刻，對吧……。

但是那些創傷後壓力症候群（PTSD）的患者可不這麼想。

五彩碎紙炮的巨響，令一些人想起了他們服兵役的過往，還有些人則想起教堂、學校和其他聚會上的暴力襲擊事件。我非常不光彩的承認，那時我們甚至不認為這是個問題。

如果能回到當時，我還是會打造這個時刻，而且依然希望這是個驚喜，但應該會少用幾支碎紙炮，而且一定會在這段演講開始前警告大家：「下一場演講可能包含巨大的噪音，假如您有聽覺疾病或 PTSD，請考慮坐到靠後的座位。」接著，我會請我的團隊不要在座席後方施放碎紙炮，這樣大家就能立刻觀察到聲音傳出的方向，並明白這不構成威脅。

那麼，你該怎麼讓某件事留下鮮明的（好）記憶？

1. 在教堂講臺上刮鬍子，意想不到吧！

薩凡納香蕉棒球隊的老闆傑西．科爾，曾激勵他的球隊在球賽期間想出有創意的特技。他說：「我們來做一些棒球場上從未做過的事情吧。」

這世界其實沒多少全新的事物。所有事情都在其他地方做過了，但所謂的創意，就是要找出方法，**以嶄新的方式結合意想不到的要素和環境**。

想想你那些最強烈的記憶吧。想想它們鮮明的原因。多半是因為它是非常個人化的體驗，或帶有意想不到的要素。

小時候，牧師跟我講了一個故事，至今我記憶猶新。他說有位牧師，在布道的時候默默起身，在信眾面前刮起鬍子，就這樣刮到結束為止。在布道結束後，他說：「我敢打賭，你們對於這場布道的討論度，一定比我過去五年的任何一場還高。但這些福音所傳遞的訊息，甚至比我在你們面前刮鬍子一舉還要激進。」

光是這個故事，我就覺得會被眾人記下來。但我在神學院念書的時候，決定把這個故事帶到另一個境界。我小時候的那位牧師剛好也是我的教授。於是我在我其中一場布道會，就真的一邊刮鬍子一邊講述這段故事。後來我也在幾間教堂這麼做。事後有人跟我說，這是他們聽過（應該更偏向看過）最棒的布道會。

刮鬍子很稀鬆平常，但是在教堂講臺上刮鬍子，就令人意想不到了。附帶一提，我可是真刀上場，結果還把自己刮傷了。

這邊可以思考的問題是：當你思考自己的活動體驗，**你可以結合哪些平凡的事物，為你的受眾創造意想不到的強烈體驗？**

2. 借助情緒的力量

記憶鮮明的體驗，通常會引起情緒反應。專業商業大會籌辦單位 Haute 社群（以前叫做 Haute Dokimazo）知道，**九五%的決策都來自情緒**，於是他們改變了設計活動的方式。情緒體驗能使人採取行動，因此他們的規畫都聚焦於五個核心情緒：

- 希望。
- 冒險。
- 主動。
- 接受。
- 動機。

只要聚焦於其中三個情緒，活動就會令人感覺更安全，參與者也更能放心接受新的概念、夥伴關係、解決方案。可能的舉動包括讓人們走出舒適圈、主動參與、嘗試新的實驗，卻不必永久改變。

我跟朋友聚會時剛好印證了這件事。彼時我在堪薩斯城欣賞薩凡納香蕉棒球隊表演「香蕉球」，回家後才得知，這位朋友的女兒在前一年夏天才在這支球隊實習過。

在她實習期間的最後一個週末，她的母親和姊妹都來探望她。就在這時，她們的家鄉有位家人生了重病，所以她們必須立刻回家。可是機票全都賣完了，至少要等一天才能買到。

此時，薩凡納香蕉棒球隊發揮了「球迷至上」哲學。有人拿起電話發揮自己的影響力，讓三位女士在三小時內搭上班機。他們還搞定了旅館和其他安排，對這家人照顧到有點過頭的地步。

我在酒吧聽完這個故事後便哭了起來，因為我被深深感動了。酒保看我這副模樣，還以為我是來喝一杯消愁的，結果場面就變得好笑起來。笑中帶淚，不僅讓這一刻變成鮮明的記憶，也讓我們這群人不再緊張，畢竟我們本來可能會聊些更嚴肅的事情。

無論安排哪一種活動，我都會替大家規畫情緒歷程。假如我才剛創造出一個有意義的時刻，並讓大家感動落淚，那麼接下來我就不會再創造這麼感人肺腑的時刻，反而會試圖讓場面輕鬆愉快、甚至搞笑。好的電影和音樂都有做到這件事，所以好的活動應該也要這麼做。

3. 結合所有感官——尤其是嗅覺

嗅覺會繞過其他所有感官通往大腦的正常途徑，大幅提高資訊保留率（提高一五%至三〇%）。比方說，當我走進一間餐廳、聞到大黃派的氣味時，就會立刻想起我奶奶在愛荷華州的農場，她喜歡在那裡烤東西。即使在一九九〇年時他們就已經賣掉農場，而且奶奶也在二〇〇一年過世了。但是派的氣味總讓我回到過去，感覺一切就像是昨天一樣。

這種感覺能使人回想起好時光，或是強化新的體驗。專家的建議，是避免複雜的氣味，並且固定使用同一種香味——否則大腦就會被搞糊塗，或是無法捕捉到觸發點。至於味覺就完全是另外一回事。你必須結合各種材料，產生足夠獨特的味道，才能創造記憶觸發點。

《著迷》（*Fascinate*）一書的作者莎莉．霍格黑德（Sally Hogshead），在一次演講上徵求志願者上臺。她想找從未嘗試過野格利口酒（Jägermeister）的人，並想藉此教導聽眾：一個品牌能夠利用真的很難吃、甚至非比尋常的東西闖出名號。

野格利口酒是一種德國餐後酒（digestif），以大約六十種草藥和香料製成。而且光是「digestif」這個拗口的字就解釋了一切——你可以把它想像成相當難喝的咳嗽藥水，加上三五%的酒精含量。但出於某種原因，大學生習慣把這種酒當作成年儀式——他們會把野格利口酒混合半罐紅牛提神飲料（Red Bull）大口乾掉。至於我嘛，我永遠不會忘記自己看到那位志願的女士，在講臺上乾了一杯野格的表情，那實在太有趣了，就像兩歲小孩第一次吃菠菜一樣（但我也滿佩服她的，她居然沒有吐出來）！

我們也跟星巴克（Starbucks）一樣，會把咖啡香氣撒向廣場，鼓勵大家在這裡逗留。我們會在入場區使用熱帶地區的香氣，創造提神且放鬆的體驗。至於安靜的區域，則會被注入舒緩的香氣，讓大家平靜下來。我們也提供提神的精油給無精打采的參與者。

值得一提的是，星巴克這類刻意利用氣味的場所，皆不允許員工使用香水或古龍水，這樣才不會干擾到咖啡的微妙氣味。畢竟，客人都是聞到咖啡香才上門的。

警告：請避免可能觸發過敏的元素、味道點到為止，且不要使用化學臭味。

概念二：沒有人喜歡被強迫

我跟高中或大學時代的朋友聚會時，難免會回到以前的說話方式，完全不像經過社會歷練後的樣子。為什麼會這樣？

我認為這個問題的答案，或多或少可以解釋我們怎麼創造共享的意義。當士兵在戰鬥中存活、中學生忍受霸凌，或是體壇新人撐過第一個球季後，都會因為壓力產生羈絆。這些都是形成意義的時光。

那我們應該刻意製造壓力，模擬那些產生深度意義的條件嗎？

答案很微妙。**是的，我們應該創造條件，讓大家自由選擇是否進入一段體驗**，而他們可能會因此發現對自己或世界的新見解，但我們不能強迫他們。在軍中每個人都必須撐過新兵訓練，但是大會、靜修或研討會，人們通常可以選擇離開或不參加。所以我們的做法，應該要像精彩的說書人而非教官。

林－曼努爾．米蘭達（Lin-Manuel Miranda）就是這方面的大師，他能夠在觀眾與演員之間創造出個人化的聯繫。在音樂劇《紐約高地》（*In the Heights*）中，他連結了許多共同的人類主題，卻不會令觀眾覺得被強迫。

散場之後，我還記得十四個引起共鳴的橋段，而且應該還有更多。以下舉幾個例子：

- 男孩愛上女孩，卻不敢承認。
- 女孩失去了史丹佛大學的獎學金。雖然失敗令她感到羞辱，但她還是鼓起勇氣振作。
- 有個角色贏了樂透，他可以遠走高飛、過著夢想的生活，但他又想用這筆錢幫助心愛的人們，我們也看到他內心的掙扎。
- 有人即使面臨貧窮、逆境和變化，也依然能找到真愛。

假如精彩的說書人能夠創造出多層次的意義，我們也能在活動中如法泡製。但若要創造意義，人們就必須有安全感，就像你在看顧他們一樣。

1. 心理安全的重要性：心理安全對於極有意義的學習活動來說，是非常基礎的原則。當我們創造出使人們放鬆的環境，他們就會產生心理安全感，因為他們覺得自己有人保護和照顧。當人們感到安全，就不會產生戰鬥／逃跑／僵住的本能反應。只要消除獅子、老虎、熊的威脅，穴居人的小孩就會感到安全。小孩能夠安心睡覺，是因為有守衛在戒備。

在一場場活動中，**當人們知道你已經照顧到他們的安全，並提供水、食物、廁所、電力和咖啡，他們就會更加放鬆**。假如人們要大排長龍才能喝到咖啡，他們就會進入基本需求的心理狀態，並不再感到安全。他們會開始懷疑：「該不會還有其他東西也不提供吧？」

The XChange Approach的執行長喬恩・伯格霍夫，就相當擅長創造心理安全感，這樣大家才會完全投入他創造的體驗。他與美國航太總署（National Aeronautics and Space Administration，簡稱NASA）、臉書（Facebook，現已改為Meta）、谷歌（Google）合辦了許多場諮商，讓一大群有才華的人加入極具生產力、甚至能轉變人心的對話。他是怎麼辦到的？

根據我的觀察，我看到三個原則發揮了作用：

- 意向設計。
- 無法滿足的好奇心。
- 問對的問題。

喬恩主辦活動的時候（無論線上還是實體），他都用音樂和對話來開場。音樂可能是現場演奏或預錄的，但他的音樂將會設定接下來的調性。如果想要振奮大家的情緒，他會選用熱情洋溢的音樂。如果當天要談規模更大、更有遠見的事，他會選用激勵人心的音樂。喬恩辦活動時，也會委託一位顧問來寫歌，而這首歌的歌詞和氣氛都會專門為這場活動打造。

除了音樂，他也會用提問開場，這些問題是設計來幫助大家認識彼此，並設定他們的意向。這些問題都既簡單又安全。它們不需要動太多腦筋就能回答，但並非老調重彈——喬恩花了很多時間思考這些問題，因為他知道**問對問題就會使大家持續投入；錯誤的問題則會讓人覺得被強迫，而沒有人喜歡被強迫交際**。

喬恩在「下達指示」和「分組討論」之間創造出一種節奏。他會提供一些見解，再請聽眾加入反思和對話。每進行一輪這樣的流程，都是為更深度的對話做好準備，最終處理當天或這場活動真正想探討的議題。

喬恩會持續保持好奇心，基於他觀察到的事物來調整活動。

2. 來賓感到安全，才能觸發改變：凱倫・波特（Karen Potter）很喜歡唱歌。在哈爾・艾爾羅德（Hal Elrod）所舉辦的活動「史上最棒的一年」中，她跟她的小組說，雖然她喜歡唱歌，但她只會在小孩上床睡覺前唱給他們聽。她的小組鼓勵她唱，但她禮貌的婉拒了。

過沒多久，她將自己用同理心支持別人的經驗，分享給大會上的三百名聽眾。當她講到自己喜歡唱歌時，聽眾立刻鼓勵她為大家高歌一曲。一陣歡呼和起鬨後，主持人請她上臺唱歌。一位跟她同組的成員建議她唱簡單的歌就好，例如《你是我的陽光》（*You Are My Sunshine*）。她頓時覺得她應該唱，因為她每天晚上都會唱這首歌給女兒聽。

就在這一刻，我卸下了心防，因為我和太太也對兒子唱這首歌唱了好幾年，而且直到現在還是叫他「陽光」。

這一刻真的充滿力量，因為即使她緊張到無法發揮真正的才華，她還是鼓起勇氣上臺。她象徵了我們受邀上臺拿起麥克風的樣子。假如在這一刻發生之前，活動沒有刻意設計出這種相互扶持的氣氛，這一刻將永遠不會發生。多虧了堅實的安全感，凱倫永遠不會忘記這一刻，而我也不會。

信不信由你，這在線上場合也有效！我參加了一場喬恩辦的虛擬活動，被分進一個四人小組。第一輪對話很有趣，每個人都用家裡的一件工藝品來分享自己的事。我拿出我的薩克斯風，因為演奏會快到了，我正在練習。我吹了一分鐘，接著講了我搬到芝加哥的故事。

我來自喬治亞州的鄉下，當地就只有我這個爵士薩克斯風手前往芝加哥——世界上最頂尖的爵士樂城市之一。搬家後，我開始應徵演奏會，但對方都說我沒準備好、必須多花幾年閉門苦練。這次經驗把我擊垮了。老實說，我花了將近十年才有勇氣再度登臺演奏。但在這次虛擬活動中，我迫不及待想演奏給新朋友聽。

因為分享了這個故事，這一天對我來說非常有意義。事實上，這天帶給我一個不容忽視的啟示，就是我的品牌，以及我現身於世人面前的方式，都必須包含音樂。這一切之所以會開始，都是因為我感到安全、願意與那個小組分享我的天賦。

活動結尾時，我們這個小組被指派一個專案，要向大家報告那一週所學到的重點資訊。

我們有七分鐘可以創造一次體驗，展現我們學到的東西。其他小組都是以多人談話來呈現報告，但我們這一組很有創意——他們請我演奏薩克斯風。

這次經驗我一輩子都忘不了。每次我在猶豫是否該演奏，或是否該很有創意的亮相時，都會想起這次經驗。這是少數我被人們真正看見的場合之一，而他們沒有任何理由懷疑我或貶低我。

有意義的活動會創造出安全的場合，人們在其中可以發現新的見解，並有助於建立對自身目標的更深聯繫，或從未考慮到的新機會。

3. 情緒像漣漪，得花時間傳遞：多多思考一下情緒歷程這回事。多數你的參與者都才剛進入新環境，既期待又怕受傷害。而你可以藉由活動前的溝通和聯繫，來影響這種心情。

例如新冠肺炎疫情期間，我們學到必須先安撫大家對安全規範的擔憂。人們是否出席活動，全取決於我們處理這些問題的方式。

其實不管疫情前和疫情後，大家也都是這樣，但現今這種考慮更像是下意識的評估。**假如活動的安全規範令人感覺很隨便，大家就不敢來參加了**。

在我擔任敬拜牧師的日子裡，設計節目時都會密切關注成員們的心理和情緒，是否已準備好我們接下來規畫的內容。比方說，假如我們用愉快的歌曲開場，那我們接下來該做的事情，就是不該讓現場安靜太久。大家需要時間調整情緒，但更重要的是，大家並沒有準備好要安靜下來。我們最好接一首稍微慢一點的歌、或戲劇化的朗讀，以配合大家的情緒。

正如我見證過薩凡納香蕉棒球隊的做法，你也可以管理受眾的情緒歷程，而且兩種情緒間的轉換，其實並不用花太多時間。

就像雪球效應一樣，安迪・史丹利（Andy Stanley）曾說：「**如果你希望為許多人做一件事，那就先為一個人做。**」雪球效應的概念，是從非常小的事情做起、為一小群人創造強烈的體驗，然後這群人就會把這些事情傳遞給別人。這樣你的影響就會以指數型成長，進而影響所有人的體驗。

那麼，該怎麼創造這種微小的體驗？薩凡納香蕉棒球隊的比賽中，球員會親自登上看臺送花給小女孩。有時還會組成「生生不息」隊形（Circle of Life，以迪士尼電影《獅子王》〔*The Lion King*〕開場為靈感），為某一家人的小嬰兒獻上祝賀——父母會像電影中那般把寶寶高舉，讓整座球場的人看見。

事實上，薩凡納市的媽媽們，甚至只要一懷孕就會立刻打電話給球隊，希望能排上「生生不息」的致意名單，甚至比排隊報名幼兒園還急。

而在我們的活動中，我會鼓勵團隊每天至少逗一個人開心。雖然我只會提供他們咖啡禮券，此外沒有任何預算。但我鼓勵他們發揮創意，開心的時刻往往是在服務別人時產生的。

我也發現擅長交際的超級聯繫人，通常都能夠變出這種魔法。他們只要跟某人聊上一、兩分鐘，對方就表示願意與某位演講人或網紅見面。想像一下，聯繫人帶著半信半疑的賓客，見到他們平常只能在遠處默默欣賞的演講人，這該有多麼令人愉快！

一九九〇年代初期，我創辦了作曲家團契，因此有機會能上到史考特・馬丁（Scott Martin）的發音課程，他在基督教音樂產業是一位備受尊崇的老師。我參加了一場產業活動，想看看自己寫的歌跟別人比起來如何。史考特看見我在音樂廳外面徘徊，就問我想不想跟跟菲爾・基吉（Phil Keaggy）見面——他是我的偶像之一。我想都沒想就說好。於是他帶我走進演員休息室，而基吉正在跟幾位音樂家即興演奏。

史考特介紹我時，基吉以為我是彈吉他的，就拿了一把吉他給我，這樣我就能和他一起演奏。但我婉拒了，因為我彈吉他的功力跟他相比根本是三歲小孩。但這個印象永遠留在我心中，因為史考特給了我獨一無二的體驗，讓我見到偶像，我後來也很快明白，這位偶像其實跟我很像。

4. 政治、宗教是大忌，別提：規畫行銷活動時，行銷團隊通常會假想出一群「虛擬行銷對象」。請運用人口資料以及個人研究，更詳細了解你的來賓，進而設法討他們歡心。

舉例來說，我們某次活動的主要行銷對象，是女性行銷人員，年齡可能介於三十五歲到五十歲之間，並在某間公司上班。根據這段資訊，我們猜測她可能身為母親，跟老公有兩個小孩。

當我們跟贊助商討論該提供什麼禮品時，我們會鼓勵他們送那種，媽媽可以帶回家給小孩玩的禮物。在一場專題演講中，我們還打造了一段時刻，讓太太們寄簡訊給丈夫，感謝對方支持她花時間投資自己。

就你對於受眾的了解，有哪些事情能夠創造對受眾有意義的體驗？

小技巧：找出大家都有同感的時刻。二〇二〇年，我們以音樂劇《安妮》（*Annie*）為基礎寫了一齣諧仿版的舞臺劇，其中有一刻，我們特別感謝馬克．祖克柏（Mark Zuckerburg）把演算法搞得這麼複雜，我們才得以保住飯碗。結果觀眾看了之後大聲叫好——但這其實是我們業界的內部玩笑，如果放在其他地方，很可能會被誤解。

儘管如此，我還是勸你**別在講臺上講那種只有少數人懂的圈內笑話**。請用幽默感來聚集人心。假使**一談到政治或宗教，場面就會迅速變得很難看**。曾經有那麼一位講者，只不過花了幾分鐘抨擊政治，結果臺下八百位聽眾有一半開始噓他，甚至至少有兩百人起身離席。

假如有大型團體要來參加你的活動，請設法為他們創造共同體驗。比方說，有時美國國務院會有多達二、三十位成員來參加我們的活動。我們便會努力想出該怎麼讓他們的體驗別具意義，並試著去實踐。即使這通常只是將他們介紹給一、兩位演講人而已，演講人通常也都樂意服務熱情的聽眾。

另一招：借助你的地點。假如你在氣候宜人、景色優美的南加州辦活動，卻把大家關在展覽館裡整整三天，那根本是在折磨他們。請設法讓大家走出戶外，並預留時間給他們探索和享受一切。假如有預算（或贊助商加持），請把活動辦在很酷的地點，讓它成為話題。例如，「內容行銷世界」（Content Marketing World）經常在搖滾名人堂[1]（Rock and Roll Hall of Fame）舉辦派對。

致勝法寶：創造故事。我曾經替一場活動演講，那位主持人費盡心思，替他即將介紹的演講人創造獨特的故事。他會改變自己的服裝、搭配獨特的過場音樂。例如他曾穿著棒球員的服裝介紹演講人，因為他知道這位演講人會「打出全壘打」，贏得滿堂彩。

當他介紹我的時候，他穿得像要去跳舞一樣，讓聽眾都愉快的站起來，使場面熱血沸騰。而這些精彩時刻，有許多都被做成ＧＩＦ檔：它們不但是無價之寶，也讓大家更容易聊

1　編按：位於美國俄亥俄州克利夫蘭市中心的博物館。

起這些事情。

概念三：講故事，來賓就會分享

二〇一七年夏天，我體驗到生涯最難忘的時刻之一。彼時我坐在企業活動行銷協會（Corporate Event Marketers Association）主辦的活動會場，腦海裡浮現了一句話：「讓時間靜止。」

我看著一位功力深厚的主持人，替聽眾創造令人思緒噴湧的時刻。那時我立刻想起兩件往事，能更具體形容這種概念。

第一件往事我在前文有講到，就是奧勒岡海岸的夕陽。回想起當時，我生涯正處於過渡期，令人有點不確定的感覺。但夕陽鼓勵了我，讓我知道人生有更重要的事情，所以不要迷失在瑣碎的細節中。「抬起頭來看看，享受你周圍的美好事物吧！」似乎就是我得到的鼓勵。那是我第一次覺得時間靜止。

下一次則發生於二〇〇六年，在將近十五年後。威奇托音樂劇院（Music Theatre of Wichita）上演了一齣不知名的音樂劇——《生命的旋律》（*Sweet Charity*）。

這齣音樂劇算是輕鬆愉快的喜劇，主角是一位名叫雀若蒂（Charity）的女性，她在下流的舞廳擔任舞者，唯一的願望就是找到愛她的人。接著奧斯卡（Oscar）登場，他是一位神經質的精算師，雖然很喜歡雀若蒂，心中卻充滿懷疑。演到結局的時候，你便會明白他不是個正派的傢伙，反倒雀若蒂比較善良正直。

可是當雀若蒂問奧斯卡，他是否能愛上像她這種人生的女生時，他跟她保證當然會。這齣戲快要收尾的時候，我們得以一窺他的內心，他大聲自問是否能給雀若蒂應得的愛，並問了所有人在人生某個時刻都會問的問題：「我努力夠了嗎？我付出該付出的代價了嗎？」

這些問題戳中了我的心，而我不希望這一刻結束。我知道，自己無法逃避這些問題。可惜這齣戲還得繼續演下去，但我永遠都不會忘記這一刻。它讓我想知道，我能否在大會中創造同樣的超凡時刻？

我訪問了該齣劇的藝術總監韋恩・布萊恩特（Wayne Bryant），想知道他怎麼創造出這一刻。他在音樂、燈光、舞臺，或演技方面有什麼巧思來強化這一刻？他有試著預測那些震撼人心的高潮時刻嗎？

他的答案令我吃驚：「沒有。我的目標是**盡可能用最好的方式來說故事**，並任由故事自己發展。你覺得這一刻很突出，但也許其他人覺得另一刻更好。假如你看這齣戲五次，可能每次都會有不一樣的啟示——而且它們都同樣震撼人心。」

這也清楚說明了一個重點：**我們不會記住所有時刻**。

奇普・希思（Chip Heath）和丹・希思（Dan Heath）在著作《關鍵時刻》（*The Power of Moments*）中，就描述了他們替迪士尼做的研究：他們想了解大家對於樂園體驗的記憶。這座樂園雖然號稱「神奇王國」（The Magic Kingdom），但它並非所有時刻都很神奇。

有些時刻一下就被忘了，甚至有些是負面的。我的意思是，有誰喜歡在大熱天排隊一小時？如果再加上愛哭的小孩跟貴死人的食物，應該會很掃興吧。但樂園遊客說起自己的體驗時，都記得「遇到灰姑娘本人」、「煙火」、「坐『太空山』（Space Mountain）」之類的事。這些都是所謂的高峰經驗，它們最後定義了經驗本身。所以迪士尼樂園才要砸大錢辦遊行和煙火秀，以及創造難忘的遊樂設施體驗。

換句話說，活動就是由一系列的時刻所組成的。大會、研討會或靜修都不是一個時刻，而是一系列的時刻。活動之間必然會有間歇期，而且有些間歇期是必要的。運動員不可能一直不休息，大會參加者的步調也需要變化。

你可以把你的活動想成雲霄飛車，它要先花一大段時間到達頂端，接著才會出現許多高峰、低谷、轉折和驚喜。思慮周延的活動規畫人，都會強調關鍵時刻，並且替負面時刻擬定應變計畫。

節目與節目之間的空檔，務必重視

規畫活動流程時，想一下該怎麼緊密配合這場活動的各項要素。籌辦人通常會花很多心力替活動「疊磚塊」，像是活動節目、派對和其他研討會。這樣很棒，畢竟大家付錢就是為了這些東西，而我們都希望一切順利。

但**許多活動籌辦人都忽略了磚塊間的縫隙——黏緊磚塊的水泥，也就是微小的體驗**。結果往往導致體驗不連貫，充滿尷尬的停頓。或者，甚至會讓賓客有不被當人看的感覺。

最近我跟一位朋友聊天，他參加了一場首次舉辦的活動。活動賣出的票超出預期，所以座位遠遠不夠。結果節目之間的休息時間，走廊上擠滿了人。既沒地方可以坐、也沒有空間可以停下來聊天。大家就像牲畜一樣被趕來趕去。

你喜歡被當成牲畜趕來趕去嗎？你報名活動是想要人擠人嗎？不會吧！

辦活動的技術

試問：對你來說，是什麼原因讓活動有意義？

練習：回想一下你覺得相當重要的大會經驗。列出這場活動令你最先想起來的十件事，限時三分鐘。列出清單之後，請圈出三個令這場活動既難忘又震撼的最大因素。詳細描述你對這三個項目的記憶。

誰在那裡？他們穿什麼衣服？你在做什麼？你的感覺如何？聞到什麼？看到和聽到什麼？你的嘴裡有殘留任何味道嗎？為什麼你認為這如此有意義？你發生了什麼事？活動做了什麼事情，使它成為你的個人化體驗？你記得任何主辦方搞砸的東西嗎？為什麼你認為自己更專注於這些震撼人心的時刻？

針對這三個高峰經驗回答上述問題後，請觀察其趨勢。這些趨勢應該成為你下次活動設計的重點。

第二章
用你熟悉的舊，串起腦中的新

我永遠不會忘記跟兒子一起看芝加哥公牛隊（Chicago Bulls）的比賽。他喜歡籃球，我也很期待能看到一場精彩的比賽。但比賽開打沒多久，球賽期間的遊戲便奪走了我的目光。主辦單位費盡巧思，在每段休息時間都安排了群眾活動，讓全體觀眾都能參與。他們準備了狗和人類的雜耍表演、隨機拍向觀眾的攝影機、冷知識競賽、加油歡呼等許多花樣。我看過數百場大學球賽和幾場NBA球賽，但我從來沒看過有哪支球隊，願意如此花招百出，讓觀眾投入賽事情緒——直到後來我看了薩凡納香蕉棒球隊的比賽。

有次我請史考特·佩奇（Scott Page）——平克·佛洛伊德（Pink Floyd）、超級流浪漢（Supertramp）、托托（Toto）等樂團的薩克斯風手——描述他最難忘的演唱會經驗。他立刻回答一九八九年，平克・佛洛伊德在義大利威尼斯舉辦的演唱會。

為了滿足狂熱的歌迷，主辦單位想把該次演唱會辦在盡可能奇特的地方，於是他們在聖馬可灣（St. Mark's Basin）附近安排了一個水上舞臺。當時正值救世主節[1]（Feast of the Redeemer）期間，當地人的意見也因此分成兩派。有些人擔心樂團會傷及他們歷史悠久的藝術品、雕像和建築，但也有些人覺得要跟上時代。後來樂團讓步了，將音量從一百分貝降到六十分貝，並將三艘駁船連在一起，打造出長約九十公尺、寬和高約二十四公尺的大型水上舞臺。

演唱會本身就很難忘了，畢竟它辦在一個歷史悠久的地方，但最難忘的是，總共有二十萬觀眾提早三天前來此地，並且讓活動整整延續了一週。到處都是食物攤販、流動廁所、垃圾和船隻，政治人物因此吵成一團。活動之後，所有當地官員都因為民怨而請辭。但樂團和歌迷都把這場演唱會當成人生最精彩的時刻。這場活動啟發了史考特，讓他一輩子都在混搭新舊體驗，藉此拓展心智、開疆闢土。這就是他的公司「Think:Exp」正在做的事情。

四個技巧，讓來賓不再過目即忘

Haute 創辦人莉茲・萊森曾說過：「共同經驗會創造記憶。記憶會鞏固學習時刻。學習時刻則會創造變化。」

科學家已經發現三種不同的記憶型態：事實的記憶（陳述性記憶）、個人的記憶、以及技能的記憶（像是騎腳踏車）。記憶還分成長期和短期。有個真相會讓活動規畫人很洩氣，**那就是大多數人都會在活動結束後三十天內，忘掉九〇％學到的東西。**

而創造持久記憶的祕訣，牽涉到四股力量的結合：反覆操作、情緒、感覺統合、不落俗套。我們來逐一探討吧。

1. 反覆操作：一個故事多說幾次，就會成真

反覆作業，對於記住事實、熟練某項技能（像是演奏樂器）來說都至關重要，這似乎是常識。但大家比較沒注意到的是，**反覆作業也能留住經驗性記憶**。我們來試試以下實驗：想想你最早的童年回憶。你那時幾歲？在做什麼？住在哪裡？你記得你穿什麼衣服嗎？你跟誰在一起？

1 編按：源起於十六世紀的黑死病大流行。在疫情過後，威尼斯人為了感謝上天的救贖，便在朱代卡島（Giudecca）建造了救世主教堂，慶祝威尼斯人從痛苦裡解脫。

我先講我的回憶，接著再向你傳授關於記憶的重要課題。

我的第一個記憶，是我把老爸的一九五五年雪佛蘭轎車開上車道。那時我才三歲！把車開上車道真是既可怕又刺激，直到我父母來救我為止。我穿著褐色吊帶褲，弟弟和妹妹都在後座尖叫（希望是開心的尖叫）。

不過，事實又是如何？

那時，我們三個小孩在車上等著去教堂或商場（沒人記得是哪個）。於是我跳進駕駛座，假裝我在開車。我從來沒有發動引擎，所以車子壓根就沒有移動。但我有好幾年都反覆幻想自己有發動車子，最後以為這是事實。

許多經驗性記憶，都取決於我們怎麼重述這段故事。雖然情緒不太會有變，但隨著故事的述說方式，細節會變得模糊和偏離事實。我有許多童年回憶，幾乎都是出於自己聽過那段故事太多次，結果就記住了，即使當時我根本不可能意識到發生了什麼事。

活動籌辦人應該鼓勵參加者，立刻述說自己重要且值得留念的故事。

那麼，**我們該如何在活動中推動大家反覆操作？**

請設法利用四大學習風格[2]的其中三種（請忽略讀寫型學習法，那跟大多數的活動都無關）。視覺型學習者想看見東西，可以請他們畫圖；聽覺型學習者喜歡聽和說，那就請他們創作故事，再跟其他參加者多講幾次；動態型學習者喜歡操作實體的事物，那可以請他們用手組建或嘗試某件東西。或許可以給他們黏土，讓他們捏出自己學到的東西。

再來，**反覆操作的意義，就是承諾做出某件事**。請邀請參加者每天做某件事，並持續三十天，在七天後跟演講人、贊助商，或其他參加者報告進度。此外也能鼓勵他們把所學寫成文章或拍成影片，或許還可以辦個競賽。

行銷人員、活動專家梅根·鮑爾斯（Megan Powers），就建議大家建立主題標籤之類的管道，讓參加者分享故事。讓團隊在現場記錄故事與發言也相當有效果——說到這方面，專業錄影師和記者可以成為你的強力盟友。

盛大的「Haute祕密家庭團聚」（Haute Secret Family Reunion）活動結束後，妮可·奧西博杜（Nicole Osibodu，共同創辦人之一）鼓勵參加者製作一段影片，前三名的影片可以得到獎勵。同時，莉茲·萊森也邀請參加者將感想寄給她，她再將文章連同照片一起上傳領英（LinkedIn）。於是這份內容就變得非常容易分享。

許多人都被這次經驗深深震撼。事實上，我們當中有五十四人，後來更繼續主動透過WhatsApp群組保持聯絡。以下是我對這次難忘經驗的總結：

2 編按：四大學習風格包括：視覺型學習者、聽覺型學習者、讀寫型學習者、動態型學習者。

「我投入這次體驗，並期待它留下鮮明記憶。跟一群剛認識的活動專家一起前往未竟之地，這該有多棒啊！但我沒料到的是，這次體驗居然持續了四週：我為了更新護照而幾經波折；火車班次因天候惡劣而取消；與幾位聰明無比的活動夥伴產生深厚的友誼；接著在活動結束後被大雪困在芝加哥。如果能回到當時，我還是會再體驗一遍。我學到強勢登場的重要性、該怎麼維持彈性，並且信任流程。我還學到隨時睜開雙眼，因為四周都是美好的事物。我被Haute大家庭改變了。如果不是他們，我可能還會是原本的樣子。」

Velvet Chainsaw顧問公司的傑夫．赫特（Jeff Hurt），則提供另一種方式來創造有意義的反覆作業。活動結束時，他會鼓勵參加者在活動結束二十一天後，透過電話或電子郵件，跟另一位參加者報告自己是否達成當初承諾要做的事。

2. 情緒：喜怒哀樂，都是對活動的印象

只要事情創造出強烈的情緒反應，就比較容易被記住。這類情緒可能是喜悅、憤怒、愉快、恐懼、沮喪、焦慮或興高采烈。對於活動籌辦人來說，克服活動中的負面體驗可謂一大挑戰，其中一個原因，就是**負面情緒會醞釀更多負面情緒**。但負面體驗還是有可能克服的！

奇普．希思和丹．希思在著作《關鍵時刻》中解釋道，如果替顧客創造夠強烈、夠驚喜

的體驗，就能讓他們將負面記憶抛在腦後。為了達到這種效果，「最後的記憶」就是最佳方法之一，正如迪士尼樂園的一天總用遊行和煙火秀來收尾一樣。

如果你想知道情緒在商業上有多重要，那麼 Haute 團隊所做的研究就是最佳解答。莉茲．萊森與其團隊發明了一種測量方式，叫做「情緒報酬率」（Return on Emotion）：它會計算所有聯繫或影響情緒的途徑，看它們是否能為你與最佳顧客，建立更具影響力和獲利能力的關係。

在最近一次大會上，我發現一位沮喪的顧客在展覽樓層閒晃。我停下來跟她聊天，發現她沒有參加任何節目，因為她覺得沒有參與的價值。她非常失望，正準備要離開。

我在問了一些問題之後，才知道她真正想要的是某個特定主題的進階訓練。我打開節目表給她看，並推薦了三位演講人，假如她願意在演講後留下來向他們提問，或許就能得到幫助。她並不認識這些演講人，但聽完他們的演講後，她的體驗便徹底改變。

我花了不少時間仔細聆聽、承認問題、安撫情緒，然後有創意的找出解決方案，遠遠超出她的期待。做這種事並不輕鬆，但只要我們有做，就能反轉負面情緒，並創造持久的正面記憶。正如魔堡旅館（Magic Castle）執行長達倫．羅斯（Darren Ross）所說的：「仔細聆聽，創意回應。」

3. 感覺統合：用聞的比看的有用

許多科學家都證實，統合多種感官能帶來正面效益、增進學習和記憶。例如理查・梅爾博士（Dr. Richard Mayer）最有名的研究就指出，只要**統合視覺和聽覺資訊，就能讓資訊保留率提高五〇％至七五％。**

活動籌辦人經常忘記嗅覺的威力有多大——鼻子可是直接通往大腦杏仁核的。馬塞爾・普魯斯特（Marcel Proust）在其著作《追憶似水年華》（*Remembering Things Past*）中，便首次談到嗅覺如何喚起逝去已久的記憶。

在活動中運用氣味可能有效，但也可能有危險，畢竟我們活在一個各種過敏原存在的時代。我們很有創意的和一處場地合作、煮了好幾大桶咖啡，並且策略性的安排賓客位置，讓他們從所在房間聞到香氣，藉此加強喝咖啡休息的時段，希望能夠讓人一直聊下去。我們也使用擴香精油，創造出提神的熱帶氣氛，幫助剛抵達的人們放鬆。在其他活動，我也曾策略性的安排麵包師傅，告知大家的大腦：午餐時間快到了（但請小心，這也可能使人分心）。

為了詳細說明嗅覺的威力，請讓我分享我的經驗。某天我開車上路時，聞到臭蛋（硫磺）的氣味，立刻就想起自己在肯亞起床的時候，當地煉糖廠的氣味——它在提煉過程中會使用硫磺。我的胃感到一陣不適，因為想起當時吃的難吃米飯、豆子和香蕉，還有好幾天起床後的胃痙攣。後來更想起許多跟那次經驗有關的事——這些全都是被硫磺味觸發的。

許多商店都會運用氣味的威力來影響人們的購買行為，所以要注意，**你並不是在操控別人，只是用氣味在強化重要記憶而已**。如果你能在活動的關鍵時刻使用天然的香氣，大家記得其他體驗的機率便會大幅提高。

4. 不落俗套：用熟悉的舊，串起新記憶

有句諺語說：「太陽底下沒有新鮮事。」這句話到現在依舊適用。但我認為，你仍然可以用熟悉的要素結合出新東西，藉此創造新體驗。史考特．佩奇就是透過 Think:Exp 公司在做這件事，他將平克．佛洛伊德的老牌金曲融入虛擬實境的沉浸式體驗，藉此挑戰你對世界的想法和看法。

你在自己的活動也可以如法泡製。先從熟悉與舒適的事情開始，接著問自己，有沒有可以與它結合的東西。讓我舉一個音樂娛樂產業的例子：

麥克．雷本是一位表演藝人和喜劇演員。他最有名的創舉，就是結合兩首以上的歌曲或歌手，創造出嶄新演奏。我最喜歡的例子之一，就是他用齊柏林飛船（Led Zeppelin）樂團的風格，演出蘇斯博士（Dr. Seuss）的童書《綠火腿加蛋》（*Green Eggs and Ham*）。

我也永遠忘不了看到麥克一個人用吉他演奏〈魔鬼降臨喬治亞〉（*The Devil Went Down to*

Georgia）一曲。他不僅演奏了其中兩把小提琴對決的段落（而且還是用吉他），還包括每位樂團成員各自負責的部分，更親自演唱全曲。他花了一年學會這件事，因為他問出了最重要的問題：「如果這麼做，會怎樣？」

如果你想創造不落俗套的難忘體驗，那就先從熟悉和舒適的事情開始，再問自己有沒有可以與它結合的東西。《引爆瘋潮》（*Hit Makers*）的作者德瑞克．湯普森（Derek Thompson）便建議大家創造「既驚喜又熟悉」的時刻。利用他所謂的「隱約熟悉感」，讓大家在新概念或新體驗之中能夠感到舒適：

> 「美學上的頓悟時刻，就是體認到自己在陌生的領域被大家找到，因此感到非常興奮；就在這一刻，新奇感被熟悉感取代了，而就是這一刻讓故事難以抗拒。」

莉茲．萊森在Haute的訓練活動中也有做到這件事。她決定來挑戰我們平時的活動簽到方式。她想結合「活動簽到」和「高級餐廳體驗」，看看效果怎麼樣——參與者得先跟餐廳領班簽到，然後坐在事前預約的座位，等著主辦單位拿活動資料給你。與此同時，你可以一邊享用美食，一邊跟其他活動賓客聊天。

個人化也是其中最關鍵的因素。活動專家王勝（Shing Wong）表示，若想讓活動留下鮮明記憶，那麼個人化的重要性遠勝一切。

「比方說籃球比賽，假如你支持的球隊贏了，所有粉絲都會記得這場比賽。但假如你是第一次邀請自己父親去看球，那這場比賽對你而言肯定更難忘。雖然『見證球隊贏球』的體驗是數千人共享的，但因為你對這場比賽別有用心、投入更多個人情感，因此它就更加特別與難忘。其實我去年就是這樣。我帶我老爸去看了勇士隊（Warriors）跟馬刺隊（Spurs）的季後賽。」

活動籌辦人可以做什麼事情，讓活動極度個人化？或許你安排的時間，可以讓賓客將這次旅行當成全家度假；或者可以教來賓以視覺傳達自己的目標，再教他們怎麼慶祝成功。

散場後的體驗，鮮少有人關注

在C．S．路易斯（C. S. Lewis）的經典奇幻小說《銀椅》（*The Silver Chair*）中，亞斯藍（Aslan）交給姬兒（Jill）一項任務：記住四個符號，它們會引導一行人去拯救瑞里安王子（Prince Rillian）。姬兒努力背誦了好幾天，但她沒把這些符號告訴夥伴尤斯提

（Eustace）和高林羽（Glimfeather）。她慢慢忘了要去背誦它們，等到要使用這些符號的時候，她不是忘記就是亂用，結果使一行人深陷麻煩。

人們散場後，通常會學到轉變人心的課題、交到重要的朋友，但他們也時常失去這些新知，**因為參加者沒有把體驗化為記憶**。只要精心設計體驗，讓它在活動結束後持續很長一段時間，就能讓這些記憶既持久又改變人生。

而說到活動結束後的體驗，大多數活動（包括我們舉辦的）都沒做好。我們活動前準備充足、現場體驗應該很棒，但大家散場後，我們往往會馬上去做下一件事。

薩凡納香蕉棒球隊的老闆傑西．科爾，決定改變這種慣例。他委託球隊每週製作一支影片，包含週末球賽的精彩片段，再加上新出爐的隊歌：〈一週之後〉（*One Week Later*）——裸體淑女樂團（Barenaked Ladies）同名歌曲的重新混音。球迷很喜歡這些影片，因為他們仍記得這些畫面，甚至會看到自己被拍到的片段。

辦活動的技術

試問：你可以做些什麼，幫助參加者記住你帶給他們的體驗？

練習：先從散場後開始想起。從你的活動中，挑選一件你希望大家記住的事。它可能是一項技能、一段記憶，或是一份知識。

想像一下，活動結束後三十天，大家對於那項技能、記憶或知識有什麼舉動。然後我們再將這段記憶回溯到原點：

- 活動結束後二十一天——他們跟誰聊到這段記憶？
- 活動結束後十四天——他們做了什麼事，以保留這段記憶？
- 活動結束後七天——他們這七天做了什麼事情來內化這段記憶？
- 活動結束後一天——他們會怎麼述說這段故事？他們會在哪裡實踐這項技能？他們會用這份知識做什麼事？
- 他們學到這件事的當天——誰跟他們在一起？你是如何在活動中創造空間，啟動這段內化過程？
- 在上述每一段區間，你該怎麼創造提示或機會，來強化這些記憶？

第三章
有人就是很難被取悅，怎麼辦？

我永遠忘不了自己在堪薩斯城的「歡樂世界」（Worlds of Fun）搭上「芬蘭甩甩樂」（Finnish Fling）這個遊樂設施。這個圓柱形的設施，改編自德國的遊樂設施「轉子」（Rotor）——所有人圍成一圈站在邊緣，設施隨後慢慢加速至每分鐘三十三轉，讓大家漂浮在宛如太空般的環境，並體驗大約一G的重力[1]。這種感覺真是太棒了（除非你心臟不夠

1 編按：地球表面的重力加速度即為一倍G力，在飛行器或遊樂設施等，會突然改變加速度方向或慣性的環境中，人體承受的G力皆會產生變化。

大顆）。

你最喜歡的遊樂設施是什麼？我覺得旋轉木馬是大家最先愛上的遊樂設施之一，嘉年華的主辦單位知道怎麼維持旋轉木馬的速度，讓各年齡的小孩都覺得好玩。

但在我們長大後，旋轉木馬的玩法就變了，我們想知道自己可以轉多快而不會頭昏摔倒，並在無意間體驗到向心力和離心力。這兩股力量若是維持完美的平衡，我們就會漂浮起來。要是失去平衡，我們就會跌下來、摔出去，或被甩進設施的中間，逃也逃不掉。

精彩的活動，就要懂得利用向心力和離心力，創造出「漂浮」的感覺。若要辦到這件事，你就必須知道自己在對抗什麼力量，以及抵銷它的方法。

讓我們離開遊樂園，回到「活動廚房」、戴上廚師帽吧。

活動現場的大敵：乏味、抗拒、孤立……

乾掉或發霉的麵包最糟糕了。

黴菌很容易察覺，而且我們都知道麵包放在潮溼的環境就會發霉。但是乾掉就不是這樣了——你甚至有可能做到一半時就害麵包乾掉。除非你是在做搭配感恩節火雞的麵包丁，或是餵鳥的麵包屑，不然我可以大膽預測，你肯定更喜歡柔軟、溼潤的麵包。

在這個假設下，我要用「DRIED」（乾掉了）這個簡寫，概述活動體驗會面臨哪些威脅。我們的目標是將乾掉的活動變得「津津有味」（TAST-E）。**活動問卷調查中，最糟糕的評價叫做「馬馬虎虎」**。如果分數範圍是零到五分，給你打三分的人通常不會回饋意見給你，因為**他們沒什麼想說的。活動不精彩，但也沒有很爛**。就像在喝溫咖啡一樣。

就算是難喝的咖啡，只要夠燙的話喝起來也還好，不然便利商店的咖啡何必這麼燙？至於難喝的冰咖啡，注入氮氣的話也還能喝。但只要把咖啡放到室溫，你就會發現它真的不好喝——我通常會把溫咖啡倒掉，再買一杯來喝。

說到活動體驗，你的敵人是以下這些：

- 乏味（Dullness）。
- 抗拒（Resistance）。
- 孤立（Isolation）。
- 疲勞（Exhaustion）。
- 分心（Distraction）。

在第三二七頁附錄中，你會找到一個矩陣，它能幫助你度過這五個威脅，並且將隨之而來的負面看法轉變成正面結果，也就是「TAST-E」（見下表3-1）：

- 轉變人心（Transformative）。
- 接納（Accepting）。
- 刺激（Stimulating）。
- 團結（Together）。
- 投入（Engaging）。

×乏味

如果你是家長，就會知道小孩最糟糕的抱怨之一，就是「好無聊」或「無聊死了！」。我們在第一章就講過，來自各行各業的活動參加者，其實每天都覺得無聊死了，但大家好像都無所謂。

傑西．科爾在薩凡納香蕉棒球隊看到這種事，於是決

表3-1　活動威脅與各自解方

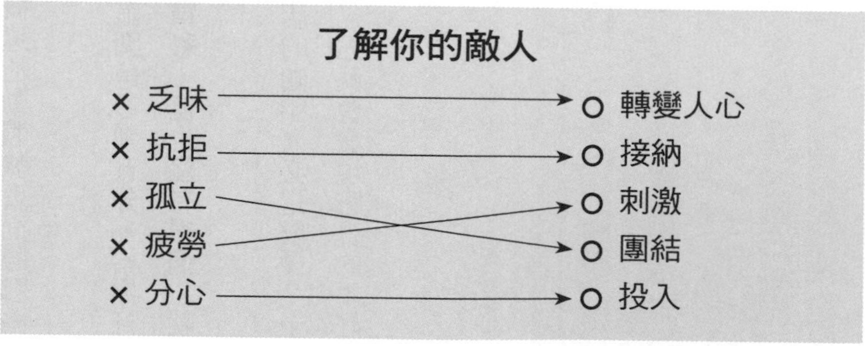

定做點什麼。本來長達三小時的比賽，令人既困惑又無聊，後來他把比賽縮短為兩小時，並且將它變更有趣——爺爺奶奶、爸媽、小孩都可以同樂。

所謂的轉型就是這個樣子。你的參加者有負面、不爽的看法和感覺，所以他們覺得你的活動很無聊。以下是他們心裡的話：

- 看法：我不需要這場活動。
- 感受：我覺得自己被誤解。
- 思維：這我之前就聽過了。
- 關係：這些人我都不熟。
- 行動：我寧可去睡午覺。

我們在第一章已經知道，無聊的代價是很巨大的。那麼解決方案是什麼？讓活動能夠轉變人心。

○轉變人心

為了幫助參加者對活動改觀——從「無聊」變成「轉變人心」——我們必須創造個人的

意義和重要性。一開始要先用新的看法取代他們的負面想法和感受。以下是我們希望他們抱持的心態：

- 看法：這場活動正合我意。
- 感受：我覺得自己受到重視。
- 思維：我很好奇。
- 關係：我屬於這裡。
- 行動：我想改善些什麼。

規畫起點和終點之間的路線，並不是一件簡單、直接的事。畢竟如果很簡單，所有人都辦得到。而且該怎麼走這條路也非常主觀。**有些參與者在任何環境中都知道如何欣賞價值**。他們雖然會感謝你把事情變更簡單，**但老實說，也有些人永遠無法被取悅**。你的目標是中間八〇％的人。頂端那一〇％，在任何環境都會脫穎而出，而底部那一〇％則在哪裡都覺得很痛苦。

本書寫滿了能夠派上用場的策略。簡而言之，就是讓活動內容具備個人化、關聯性、刺激性、能營造歸屬感和興奮感的細節。如此便能創造出既驚奇又使人好奇的感受，使你的賓客做出令人意想不到且記憶深刻的事。

更簡單來說，就是四個字：**讓他開心**。

✕抗拒

無論你知道與否，來參加活動的人對於你和你的活動，都帶有一些遲疑和抗拒——他們因為對你有足夠的信任才會買票出席，但他們仍在等你證明自己不會辜負他們的信任。這背後有很多原因，或許他們曾聽別人說過你的壞話，或許最近在另一場活動有不好的體驗。

例如，某次我跟太太打算外出吃晚餐。她挑了一家我們去過好幾次的餐廳。一開始我回答「好」，但後來想了一下，才發現那間店完全不吸引我。我搞不懂為什麼，直到我想起來：我在二〇一八年時在那裡嗆到過，結果橫膈膜抽筋了。想到這件事，我就不想去這間其實不差的餐廳了（雖然不是餐廳的錯，但當時沒人來幫助我）。

以下幾點是前來的賓客，對於活動可能抱持的負面想法或感受：

- 看法：這低於我的期待。
- 感受：我感到警戒或焦躁。
- 思維：這些人不知所云。

- 關係：沒人想陪我。
- 行動：我覺得好失望，我要閃了。

你永遠不知道即將得克服的，是什麼樣的抗拒心理。因此，你的**迎賓團隊必須包含友善的職員，越多越好，這就是定調一切的時刻**。氣氛不必熱鬧人人勾肩搭背，但應該要溫暖、誘人、使人放心。我會用「接納」這個字眼來表達這種氣氛。

○接納

當我們跟來賓保證：這個地方很安全，而且我們懂他們的時候，就等同於接納了他們。

我喜歡藉由行動來傳達上述這個簡單的訊息：

第一步：我看見你了。

第二步：我歡迎你。

第三步：你是我們的一分子。

假如我們成功創造接納和開放的感受，先前的負面看法，就會轉變成以下正面心態：

- 看法：我來對地方了。
- 感受：我感覺自己受到接納和保障。
- 思維：有人激勵我換個角度思考。
- 關係：有好多值得認識的人。
- 行動：我會放慢腳步，盡量多獲得一些價值。

再次強調，這聽起來可能有點太簡化，很少有人能一下子就產生這些內在轉變。因此，你必須反覆為之、持之以恆，才能得到信任。這一切都始於他們第一次接受你的服務之時。

但好消息是，**只要他們接受服務的次數介於五到七次，他們的態度便有可能改變**。而且假如你正在努力提供超優質服務，就能迅速讓抗拒的人接受你的活動。

也別忘了你有祕密武器。你最棒的「體驗傳教士」，也就是那些一再回來光顧的滿意顧客。他們通常都有某種直覺，知道這種文化吸引人的地方，並且會挺你、為你宣傳。

✕孤立

人們在活動中孤立自己、不與人交流的理由有百百種。且讓我們來探討其中幾個理由：

- 有些人覺得自己不夠有料，所以寧願閉嘴，也不想被別人當笨蛋。
- 有些人覺得自己的知識和經驗都勝過別人，所以不想浪費時間跟狀況外的人聊天。
- 你的受眾大約有五〇%都很內向，也就是說，他們必須獨處才能保持精神。許多人還有社交焦慮症，於是努力找藉口不參與對話。
- 「與陌生人攀談」是許多人的十大恐懼之一。
- 人們通常覺得，跟陌生人坐在一起不太舒服。

看完這份清單，你很可能會嗤之以鼻，覺得我沒有邏輯或毫無根據。畢竟你打造的場合既安全又不具批判性，所有人都很尊重他人的意見和經驗。怎麼可能會有人害怕現場的陌生人呢？

其實，這一切都是家教導致的。我們的父母教我們遠離陌生人、新聞每天都在證實陌生人有多可怕。況且，**我們都有負面經驗，因此更加認為「陌生」等於「危險」**。

可大家來參加活動就是為了交際啊！我們該怎麼克服這個問題？

你知道我在交際活動中最怕遇到哪種人？答案是「名片怪客」（Card-Pushing Carl）。他一遇到你就會硬塞一張名片，然後開始用力介紹。名片怪客完全幫不上你的忙，所以萬萬別讓他加入迎賓行列。但可以讓他幫忙其他事情（或者乾脆叫他去幫別人的活動）。

我的目標，是協助參加者將負面觀感換成正面的看法、思維和感受：

- 看法：我相信，一次對話就可能改變我的人生。
- 感受：我在尋求機緣。
- 思維：這裡大多數人都跟我有同感，所以我可以稍微主動點。
- 關係：這裡每個人都有值得一聽的故事。
- 行動：我希望他們聽我的故事，所以我也會花時間聽別人的故事。

我們的目標，是讓大夥從「孤立」變成「願意加入社群」——簡單來說就是團結。

○團結

研究人員發現，只要人感覺到安全，在社群中的學習速度會快很多。那麼我們該如何促進這種轉型？這要從創造心理安全開始做起。人們必須知道你在看顧他們。他們想知道活動現場的人都很安全、值得信任。有些特定的方法可以辦到這件事，那就是運用友善的志工，以及讓安全人員在場。**安全人員不必講話，光是在場就能讓參加者知道，你有在看顧他們。**

另外，**當你迎接賓客時，請叫出他們的名字。大家都喜歡聽到自己的名字。**假如你的團隊中有人擅長調查和記名字，請讓他加入迎賓團隊。畢竟，政治圈的人隨時都這樣做，那我們為什麼不也在活動中這樣做？**社群媒體讓這件事變得更簡單，因為許多人都有在使用數位平臺，讓你能提前了解他們**。而且你至少得記住重量級顧客的名字。

另一個幫助新客人（最容易感到孤立的族群）的方法，就是替他們做一些介紹。大家可以趁這個大好機會，建立一些新關係，並學到活動的基本概況。資訊也是一大利器，可以幫助大家從孤立轉為團結。

有些活動會事先寄出有辨識度的行李標籤、襯衫或帽子等，這樣其他參加者一抵達機場就能認出它們。而假如你在抵達會場前就已經交到了新朋友，便更可能感到開放和安全。

還有另一個策略，就是**在活動前建立社團**。我們曾利用臉書社團，並有效為數百甚至上千個參與者營造出相互連結的感受。此外還有不少手機 App 也能辦到這件事。假如參與者覺得，他有三兩好友可以一起度過這一切，他就會感到既舒適又安全，並更想參與其中。

✕疲勞

你很難掌控人們到場時的精力，但**你可以幫助他們在活動期間管理精力**。假如參加者頻頻打呵欠、想喝咖啡，那麼他們的大腦很可能無法全力運轉。

根據研究：**疲勞就跟酒精或藥物一樣，會影響大腦功能**。被警察攔到路邊的駕駛人中，打瞌睡的人數跟酒駕的人一樣多。我自己就曾有幾次經驗，試圖長途駕駛卻沒睡飽，結果差點出意外。

另外美國疾病管制與預防中心（CDC）表示：「研究顯示，太久沒睡覺可能會損害你的駕駛能力，就跟喝太多酒一樣：持續保持清醒十八小時以上，身體狀況就等於血液酒精濃度〇・〇五％；保持清醒超過二十四小時，身體狀況就等於血液酒精濃度〇・一％。這已經超過了美國所有州法的限制（〇・〇八％）。」

換句話說，我們要避免有人在活動中「夢遊」（我小時候有夢遊的毛病。有次我不小心把洗衣槽當成了馬桶——後來費了好大一番工夫才清乾淨！）。

身為活動籌辦人的你最清楚，如果你讓參加者保持警覺、精力充沛、準備好學習新事物，對你來說絕對有好處。但是大家到場的時候必定很疲倦，因為他們在此之前必須拚命工作，才能空出三天時間參加活動。也可能因為家庭問題、甚至個人健康問題而身心俱疲。許多事情是你無法掌控的，但你可以設法提振他們的精神。

首先，我們要對抗一些持續消耗精力的負面想法。參加者可能會這麼想：

- 看法：所有事情我都必須參與。
- 感受：我有「錯失恐懼症」（Fear of Missing Out，簡稱FOMO）。

- 思維：我可以晚點再睡，所以請給我咖啡。
- 關係：跟陌生人見面令我筋疲力盡。
- 行動：每個活動都讓我坐太久。

讀完這些狀態，你很可能會覺得奇怪，大家怎麼會這麼想？

但你要明白，這問題有一部分出在你身上。如果人們希望晚睡早起，那很可能是因為你辦的活動和打造的社群太棒了，令他們不想錯過任何事情。如果想幫助他們，最簡單的方法或許是改變「劇本」。

○刺激

假如你給來賓一千美元，讓他們在當地的購物中心盡情血拚，他們很可能會花太多錢，但絕對不會什麼都買。如果他們什麼都想買，那就是精神疾病了，需要看醫生！**大多數人都了解預算的概念，你可以用同樣的方式，幫助來賓妥善安排精力支出。**

我們可以拿電玩當例子，更深入這個概念。許多遊戲都有方法可以恢復耗損掉的體力的方法，有可能是贏得競賽、打敗強敵，或找到寶藏。假如你的活動也內建能振奮精神的活動，那會如何呢？

以下是一些可以振奮精神的活動：

- 運動休息時間：麗茲．威廉森（Lizzy Williamson）首創「兩分鐘運動」（2 Minute Movement）休息時間，她在全球的實體或虛擬大會都這麼做。無論是迅速活動一下身體、時間較長的瑜珈，或是輕快的走動，運動總是能夠讓血液回流到大腦。
- 安靜區域：設置一個安靜的區域，讓大家可以小睡二十分鐘。對於那些認為睡覺很懶散的人來說，這樣似乎違反直覺，但小睡的效果是有科學佐證的——假如先攝入兩百毫克的咖啡因、然後馬上小睡，回神效果特別好。
- 大腦遊戲：有時對抗疲勞的最佳方法，就是欺騙大腦。你可以安排刺激的突發事件，或試試必須動用所有感官的事情。
- 果汁吧：雖然咖啡或茶是醒腦的第一選擇，但其實有更天然的方式：喝點鮮榨果汁。
- **午餐不要安排太多澱粉跟蛋白質。假如你提供的餐點是肉卷、馬鈴薯泥和蘋果派，那你也得順便準備地墊跟好幾顆枕頭**。因此，你更應該提供許多蔬菜，加上適量的魚和雞肉，以及大量的堅果和莓果——這些都是能產生能量的食物。
- 水分：水分充足的身體能夠促進大腦成長，但缺水的身體會迫使大腦進入求生模式，然後就沒有珍貴的腦細胞可以學東西了。

• 跳舞休息時間：研究顯示，八〇%的人知道跳舞能夠改善他們的情緒。雖然四一%的人覺得自己舞跳得很爛，但只要不被人注視，他們還是會跳，讓心情變好。

以上只是幾個錦囊妙計，但最重要的攻心戰術，必須改變對方的心態。我們想要扭轉的是對活動的負面觀感。關於精力，以下是你可以為來賓打造的新觀點：

• 看法：當我休息充足，就會發生最棒的事情。
• 感受：我迫不及待想發現驚喜。
• 思維：假如我設下限制、做出正確的選擇，就能以更少的時間成就更多事情。
• 關係：與陌生人見面，使我能接觸到新的可能性。
• 行動：我知道怎麼管理自己的精力，所以我會做好準備再來參加。

根據我的經驗，你不能只是把以上事項講給大家聽，並期望他們會改觀。改變是透過說故事和經驗來引導的。準備活動的時候，請花時間分享參加者的故事：有些人能好好管理精力、有些卻不行。請告訴大家，無視「活動能量定律」的人會有什麼後果：「**能量最少的人，學到的東西也最少。**」

舉個例子，二〇二〇年，在我們的大會舉辦之前和期間，我每晚都只睡三到四個小時，然後猛喝咖啡。我甚至不喝酒、不吃大餐，但這樣其實並不能讓我撐過去。

我攝入的咖啡因變多，卻沒有喝更多水來彌補，後來導致肌肉開始抽筋，無法站立或行走。更糟的是，連大腦也開始「抽筋」，結果我做出一些很糟的決定，還說出一些令我很後悔的話——在跟志工交代事情的時候，我像連珠砲一樣連講了十秒的話，結果傷害到了他們，而我永遠無法彌補。

我對此感到極度後悔，也知道假如我充分休息的話，就不會發生這種事。而問題就在於，我為了提神喝了太多咖啡，結果晚上睡不著、惡性循環。

這段故事對你的貴客來說可能太極端了，但我相信你也遇過客人把自己操過頭，結果反而沒有從活動得到什麼好處的例子。請分享這些故事，然後告訴大家你準備了哪些機會，讓他們能夠管理精力。

你也可以按照顧客的體能狀況來安排節目。我們都知道，**吃完午餐**後通常會想休息，所以**不太適合在此時安排最重要的節目，反而該安排高互動性的節目**。讓大家站起來走一走。用刺激性的話題來開啟對話，不要又臭又長的演講，而是讓大家做些非比尋常、意想不到的事情。

✕分心

因為數位世界的進化，人類的大腦在過去五十年來深刻改變。雖然我們的科技突飛猛進，但多數人在某些方面反而變得更糟糕。**人們長時間保持專注的能力降低了，於是就變得更容易分心。**

我們創造出讓生活變得更好的東西，卻也同時讓生活變得更辛苦。這對活動來說尤其是如此：當我們邀請大家遠離平常的忙碌，來這裡走走聊聊、學到新的榜樣，然後下工夫在真正重要的事情上。

好吧，或許你的活動沒有這麼深遠的抱負，但我猜，你至少會希望大家學到重要的概念。但假如他們因為分心而沒學到呢？

我來說一個關於分心的故事吧。你是否曾經跟別人聊得很愉快，結果被電話、社群通知或陌生人打斷？你的感覺如何？加州某大學的研究發現，**人每次被打斷都要花二十三分鐘以上的時間才能恢復專注**。更糟的是，如果你被打斷後去做其他事，這種一心多用可能會消耗你的腦力——等於智商降低了十。

二〇一九年夏天，我帶我女兒去奧克拉荷馬市欣賞音樂劇《漢密爾頓》（*Hamilton*）的巡迴表演。兩小時的車程中，我們一直在聽這齣戲的原聲帶。從音樂廳外面就可以看出這齣戲有多紅，大家一邊自拍、一邊排隊買周邊商品。我們入座之後，那股席捲而來的能量，是其他百老匯表演難以比擬的。

開演後，興奮激昂的感覺立刻傳遍全身。演員的演技令人如痴如醉，燈光和音效營造出最完美的體驗，哪怕我們其實坐在遠遠的頂層看臺。

然後壞事就發生了。第一幕演到一半時，居然有人拿出手機拍照，結果閃光燈點亮了整個舞臺。幸好演員沒有亂了陣腳，但我分心了。

我開始在內心嘀咕：這個人以為他是誰啊？規定這麼簡單，他不會遵守嗎？工作人員不該來把他趕出去嗎？拍照真是有夠自私，而且又不可能拍得多好看！我很怕等等又有人這樣鬧。結果我的內心小劇場演了好幾分鐘，我才終於回過神來。

大概是因為表演實在太精彩，所以在閃光事件後，我不到二十三分鐘就回神了，但至少也花了五分鐘。不幸的是，在許多活動中，假如專注狀態跑掉的話，賓客也就會跟著跑掉。

有哪些事情會在活動中使人分心？我相信你的清單一定比我長，所以我在這裡只想幫你找到最嚴重的分心原因，讓你在下次活動時處理它們：

- 行動裝置的通知。
- 工作上或家人寄來的電子郵件。
- 社群媒體。

- 視聽設備故障。
- 溫度太高或太低。
- 跟體驗本身沾不上邊的圖像或視覺元素。
- 不友善的職員或攤位。
- 隊伍大排長龍。
- 過於密集的節目。
- 節目之間的轉場規畫得很爛。

請與你的團隊討論最可能使人分心的原因。除了生理上的分心，你也必須轉變賓客的內心小劇場，才能使他們不再分心，並全心投入活動。以下是他們可能抱持的想法：

- 看法：我不想錯過手機上的內容。
- 感受：活動中的各方訊息好像在比誰大聲，令我很困惑。
- 思維：我的想法太多了，無法靜下來整理它們。
- 關係：我沒辦法專注於一段對話，因為這可能會讓我錯過另一段更有趣的。
- 行動：訊息一直轟炸我，讓我不能好好參加活動。

但要怎麼讓他們不再分心，轉而投入活動？先別緊張，因為你不可能消除所有分心原因，而且某種程度上，你必須信任你的參與者能夠集中注意力並保持投入。他們只要有意願投入活動而不分神，就會替你省下不少麻煩。老實說，並非所有參加者都熟練這些心法，但我們可以設法幫助他們。

皮特・瓦爾加斯是 Advance Your Reach 平臺的創辦人兼執行長，他相當厲害。在某次活動前，他就率先承認，我們生活中有許多使人分心的事。

於是他做了兩件事來反擊：首先，**他邀請參加者寄感謝影片或文字，給那些讓他們能夠參加活動的人**。這樣一來，參加者就會下意識使自己完全投入這場活動。

不過，瓦爾加斯接著又「加碼」，應付那些覺得不必專心參加活動的人。他對著一心多用的人說道：「接下來兩天，會不會發生什麼改變你事業或人生的好事？**既然你都已經花時間和金錢出席了，我鼓勵你全心投入這段過程。反正電子郵件跟簡訊又不會長腳跑掉。**」

結果被他說中了。那次我受邀前來演講，但我之前曾參加過他的活動，所以覺得自己不必太專心參與。他講的這些話，並不會讓我覺得內疚或羞恥。我反而覺得他在邀請我思考一件事：**說不定我能學到的東西比我想像的還多**。而我也清楚記得接下來數小時的兩段對話，確實改變了我的人生軌跡。

與其請大家將手機轉為靜音，你何不試著邀請大家跟你一起踏上旅程？如果你舉辦的是虛擬活動，不妨請你的參加者打包行李，就好像真的要去旅行一樣。

我們曾經做過「請勿打擾」標誌，讓參加者可以告知同事或家人，他們正在參加活動。有些情況下，更明智的做法是讓參加者住在當地的旅館，這樣他們才能真正專心。

沒人喜歡被太快的旋轉木馬甩出去。但是太慢的話就會非常無聊。請評估你的活動，進而了解它有哪些弱勢與威脅會阻礙你的成功。這樣做絕對值得，因為你的來賓、演講人、職員跟贊助商都會感謝你！

辦活動的技術

試問：DRIED當中的哪個要素，對你造成最大的威脅？

練習：你自己或團隊成員可以腦力激盪一下，想出至少十個方法來解決這個問題。在你想出十個點子之前，不要輕易評估解決方案。接著從這十件事當中，挑出一或兩件你可以在下次活動做的事情，將問題最小化。

更深的技術

如果想更深入研究這個主題，請善用第三二七頁附錄的表格，幫你的團隊確認有哪些看法、思維，或感受，必須從負面扭轉成正面。這段過程需要一定的時間和用心。

第二部

現場，
永遠有意想不到的狀況

第四章
你想請誰來？為什麼他們得來？

我永遠不會忘記烤麵包的味道。我的媽媽和奶奶都很喜歡烤麵包。我媽媽有幾年做了太多麵包，結果我那時還在上幼兒園的兒子居然叫她「麵包奶奶」（Grandma Bread）而不是「貝芙奶奶」（Grandma Bev）！現在每當我走進一間餐廳或麵包店，聞到烤麵包香味的時候，都會立刻回想起那些快樂時光。

但我也記得自己在念小學時，參觀過Wonder Bread品牌旗下的麵包店。離開時我感到很不舒服，好幾年來我都不知道為什麼。直到現在我才知道，那時我聞到了人工防腐劑，和一堆用來清潔工廠地板的強效清潔劑。直到現在我還是很怕Wonder Bread，而這種聯想就是當初的氣味所引發的。

其實我去過的餐廳和麵包店有好幾百家，但我都忘光了。大部分的麵包吃起來還可以，不好吃但也不難吃。氣味很吸引人，但不夠迷人。

活動與麵包非常相似，它們能喚起同樣的情緒。**有些活動能創造改變人生的時刻；有些活動卻引起反感，既沒有改變我們，也沒有令我們印象深刻**。那你的看法呢？為了掌握這個問題的核心，我們先來分析厲害的麵包師傅怎麼練出手藝的吧。

辦活動，就是為顧客服務

我跟幾位厲害的麵包師傅聊過，他們全都證實，烤麵包真的很簡單：

1. 準備好材料。
2. 混在一起。
3. 等麵團膨脹。
4. 揉麵團。
5. 烤它。
6. 吃。

然後不斷重複下去。

這怎麼可能會出錯？在我們回答這個問題之前，先把它拆解得更細一點。

烤麵包的科學非常直截了當：準確測量你的材料，讓麵團膨脹夠久，以正確的時長和溫度烘烤，你就有一條可以吃的麵包了。科學甚至能協助你理解如何測量材料、微調膨脹、調整烤箱的類型和設定。但有時候，你必須讓藝術發揮作用。

「烤麵包可以很簡單，也可以很困難。把麵粉、酵母、鹽、水混在一起，再丟進烤箱，就可以做出一條麵包。但這條麵包大家吃完就忘了。如果你想讓麵包美味到忘不了，就必須專注於技術、材料品質和時間。」——烘焙師貝蒂（Baker Bettie）

1. 慎選你的材料，活動的必要內容是？

說到決定麵包的味道，最重要的步驟就是挑選材料。

重點在於，主要的材料其實只有四種：麵粉、水、鹽、酵母。少了這些材料，你就做不出麵包（其實也可以不放酵母，無酵餅就沒有）。但這些材料的結合、準備和烘烤方式，會產生極大的差異，無論你做的是普通的三明治麵包，還是令你垂涎三尺的傳統手工麵包。或者，你也可以添加葡萄乾或香料之類的特殊元素，但它們並非麵包的必要食材。

活動其實也是這樣。我們的**主要材料是內容、對話、聯繫，以及我們對於聲音、燈光、圖像等事物所做的選擇**。我們選擇的材料以及混合它們的方式，可能會讓活動很傑出，也可能很無聊。

2. 專注於技術：現場總會出亂子，怎麼救？

根據烘焙師貝蒂的說法，增加麵包的水分，就會產生更複雜的味道，以及更有趣的質感和外皮。然而，麵團是比較難應付的部分，烘焙新手很難做好。活動規畫人的情況也一樣。**活動規畫新手面對太多變動因素以及臨時改動，可能會不知所措，但有經驗的籌辦人就清楚知道該操作哪些東西**。

接下來幾章，我們會討論各種材料，以及它們怎麼影響活動的「味道」和成果。但在此，我們還是先稍微探索一下烘焙領域。

在此為你介紹喬許・艾倫。他在密蘇里州聖路易市經營「同伴烘焙坊」（Companion Bakery）。他主要替餐廳和餐飲公司烤麵包。他會花好幾個月做實驗，只為了做出一條在味道、質感、外觀和感受方面都符合顧客需求的麵包。喬許對顧客的用心，就跟活動規畫人設法創造絕妙體驗一樣。

3. 從顧客角度出發，丟掉你的偏好！

喬許問顧客的頭幾個問題是：「你希望麵包吃起來是什麼味道？什麼感受？」，以及「你想要怎麼樣的體驗？」

這種設想周到的用心，就是烘焙大師跟一般麵包師傅的差距所在。顧客想要什麼味道、感受和體驗，你如果能掌握得越具體，就越容易說出你想要的故事。

喬許表示，這件事可能非常主觀，而且你需要花時間，協助顧客了解自己真正的喜好。拿其他的體驗來與自己相比，通常是有幫助的。重點在於，烘焙師必須放下自己的意見和判斷，因為他是在為顧客製作最完美的麵包，而不是做給自己吃。

劃重點：所有活動籌辦人都必須放下自己的意見和偏好。

我們早期舉辦的活動，都請樂團在大家進場時演奏爵士樂，因為我覺得，這是最完美的背景音樂。沒想到，我們的聽眾只有極少數人喜歡爵士樂——僅僅最前排那五個人！於是我開始思考聽眾喜歡什麼音樂，然後改挑其他音樂，結果大家的反應都很正面。

舉例來說，喬許開了一間三明治店，講求麵包要非常適合「窮小子三明治」（Poor Boy，美國南方卡津人〔Cajun〕的特產）。這種麵包不只要好吃，也要能搭配三明治的材料，這樣顧客咬下三明治時，味道才會完美融合。

這些麵包拿出烤箱時，看起來跟別家店買來的麵包沒什麼差別，但是它的質感、味道、感受，都是為了顧客想要的體驗量身訂做的。喬許花了將近一年才讓這種麵包達到完美。

精彩的活動也是如此。千篇一律的活動，可能會令主辦者忽視了原本想說的故事。場地、演講人、室內布置、後勤方面的瑣事，也很容易令主辦者迷失方向，忘掉整體的願景。

有一次，我們想把一場大會辦在派對場地。我們的心思全都放在哪種場地適合辦派對，卻沒有考慮到參加者和他們的目標。結果我們的判斷力被蒙蔽了——我們以為夜店風格的場地應該不貴，而且比較好布置，但它並不適合一群素不相識的人自在的交際，尤其這群人多半是男性。我們在釐清自己想提供什麼體驗之後，就排除了幾十個預定場地，然後多考慮幾個最能襯托我們故事的場地。

又有一次，我們必須刪減預算。主辦單位經常大幅刪減支出，卻沒有考慮到這樣會對體驗有什麼影響。畢竟使用者體驗仍然是最重要的。

當你的願景很清楚，你就能發揮高度創意來尋找解決方案。

從喬許做出完美窮小子三明治的經驗當中，我借了他的四個步驟，而我們可以在辦活動時充分應用它們。

步驟一：定義顧客的期望

麵包的口味，始於材料的品質和數量。你要反覆修正才能找到麵粉、鹽、水、酵母的正確數量和種類。味道也可能會被後續流程影響，所以喬許在製作過程中一絲不苟，避免任何變化，因為他知道材料是基礎的起點。

其中，雖然鹽、水、酵母對味道的影響很小，但麵粉的種類會深刻影響一切。

從這裡你就可以看出各類活動之間的最大差異。根據你的目標，你可能想辦貿易展、商業大會、研討會、靜修、內部活動。**但你要弄清楚，你的活動是設計來傳授知識、發表產品、促進交際，或是滿足持續教育的需求？或者結合了好幾個目的？**

下表4-1，能幫助你徹底思考五個要素的相對重要性，以決定你該辦什麼類型的活動。雖然活動有分類型，但你都必須替受眾舉辦最棒的活動。這些類型會使受眾產生特定的

表4-1　活動類型間的差異

	貿易展	商業大會	研討會／工作坊	內部活動
內容	低	中	高	高
交際	低	中	中	低
參展者	高	中	低	低
參與者	高	中	中	高（建立團隊）
體驗／遊覽	中	低	低	高

期待，而你不一定會察覺。

最近，我跟一位大學教授聊天。幾年前我參加了一場活動，他是其中一段節目的講師。隨著我提到另一位講師——剛好是他的同事——他開始不停的讚美她。但他接著就問我，她辦的研討會怎麼樣？這我實在不能說謊。我覺得她的內容很棒，但我很失望，因為她辦的活動根本不算研討會。

那場活動只是不斷傳遞一堆內容，然後她再回答聽眾的問題，就這樣拖了一整天。我期待有時間能獨自或是分組研討，因為這活動叫做「研討會」，我當然會如此期待。

其他活動塑造了人們的期待，以及他們該抱持什麼心態參加這場活動。每個人都沒有對錯，**但顧客的集體期望是活動籌辦人必須理解的事情**。我這位擔任大學教授的朋友，只好坦承該場活動沒有督導講師，最終導致講師無法控制品質。

步驟二：需要事先暖場嗎？

超商賣的麵包跟手工麵包最大的差別，在於用心和流程。麵包商希望成品是能夠預測的，這樣才能透過生產線製作。而為了產出極大化，麵包商便被迫縮短發酵時間（不同類型和品質的麵包，發酵的差別相當大。如法國麵包的膨脹程度就不必跟三明治麵包一樣）。

發酵分為三個階段：

階段一：發酵的第一階段，也就是將材料結合在一起來製作麵團（事前準備）。如果麵包不必膨脹太多，你就把麵團靜置一小時以下，但假如麵包要更蓬鬆的話，麵團就要放置好幾個小時。而假如你有利用空氣中天然產生的酵母（如酸種麵包），那麼這段過程就跟使用烘培師的酵母時稍微有些不同；假如你做的是無酵餅，當然就沒有發酵這回事。

你曾看過麵包在烤箱裡垮掉嗎？那就是因為讓麵團發酵太久才進烤箱的緣故。**除非你是辦驚喜活動，否則大多數的活動都需要準備，大家才能迅速進入狀況**。大家越渴望拓展人脈或轉變自己，發酵與其前置作業就越重要。我發現，如果要營造一場活動的動能，那麼**從六十天前啟動會比較理想**，但這還是取決於活動的範圍以及它想達成的成果。

階段二：第二階段是切麵團和揉麵團。麵團的形狀（場地）會影響它如何膨脹。想像一下，活動辦在死氣沉沉的倉庫，跟辦在遊輪上會差多少。「容器」會大幅影響活動體驗的許多方面。**有些場地你必須自己創造體驗，但有些場地本身就能帶來體驗**。有時候場地不是你能掌控的，但還是要意識到場地會怎麼影響活動體驗的「口味」。

階段三：最終階段叫做「烘焙張力」（炒熱場子）。

此時你會看見麵團在烤箱裡神奇的膨脹起來。當麵團達到約攝氏六十度時，它就不會膨脹了。因此烤箱的溫度對麵包的成品會有顯著的影響。如果你希望麵團在烤箱裡持續膨脹，那就把溫度調低一點；如果你希望有酥脆的外皮、不要膨脹太多，那就把溫度調高一點。

如果你參加過知名演講人東尼．羅賓斯（Tony Robbins）的表演，你會發現他們的節目一開始就加足馬力，因為許多人就是為了這個節目才報名整個活動的，他們到場前就已經準備好了。主辦單位可以立刻炒熱現場。不過**假如參加活動的人都互不相識、而且主題很新的話，就需要更多時間來暖場**。

我相當欣賞薩凡納香蕉棒球隊的比賽，發現他們非常用心準備賽前節目，讓球迷融入現場。DJ使盡渾身解數帶動唱，讓大家在比賽開打前就已經坐不住了。他讓死忠球迷情緒高昂，而這些球迷會拉別人一起唱。等到球賽開打時，觀眾一下子便能完全投入其中。

有些活動的「波浪舞」大家都只是敷衍了事，但香蕉隊的波浪舞幾乎所有球迷都有加入，因為他們想加入。這是因為，香蕉隊知道怎麼以正確的速度炒熱氣氛。這有一部分是藝術，一部分是科學。

談談參與的阻力：當來賓越緊繃，你得越友善

安迪．夏普是Song Division公司的執行長。他的公司會邀請錄音室樂手來活動現場，幫助參加者寫出和演奏原創歌曲，而這些歌曲的主題，便是他們的活動體驗，或是公司的新措施。目標是讓大家攜手合作，並發揮自己的創意。

你可能會覺得，他們應該要先混熟（或至少一起喝一杯）才能做這件事。夏普大致上同意這個原則，但他也說，有時他的公司要負責在第一個節目，就創造出既難忘又充滿參與度的體驗，只為了炒熱氣氛，並卸下來賓的心防。

重點在於你的用意。你為什麼做這件事？如果你花很多時間，思考該多快炒熱參加者的情緒，會怎麼樣呢？

我們來思考看看，該怎麼替參加者為學習與聯繫這兩大目標做好準備。

比方說，你吸引了一大群陌生人前來活動，那麼也該合理假設，他們需要一些時間才能自在的相處，然後你才能請他們放開矜持。**假如你的活動需要放開很多矜持，那麼暖場的速度就不能太快**。但假如你的參加者早就在線上團體熟識，或他們根本就是同事，那暖場活動就可以快速帶過，並直接進入更深的內容。

在崔西．尼斯（Tracy Nice）的幫助下，我將高人氣的「邀請－挑戰」模型改編成「迎賓程度－參與難度」圖表。迎賓的熱烈程度越高，參與難度就越低，反之亦然（見下頁表

4-2）。我們來定義一下這些名詞：

迎賓程度：籌辦人通常會透過某種場合，來歡迎賓客前來參與活動。這種歡迎的力度越高，參與的難度就會越低。我們的目標，是讓大家答應現身。例如你可以在活動開始前，請大家吃免費早餐。這要花點心思，而且你可能要提醒大家有這種好康，但早餐不必額外收費就是個吸引人的點。

參與難度：指的是參加者需要付出多少心力才能順利參與。如果你需要的參與難度很高，那麼你歡迎來賓的熱烈程度就要降低，因為你會希望來參加活動的人都是有備而來。

在此也釐清兩件事：

一，你可以利用這個模型來思考整個活動。舉例來說，你的活動門票要價五千美元，那麼它的參與難

表4-2　迎賓程度 vs. 參與難度

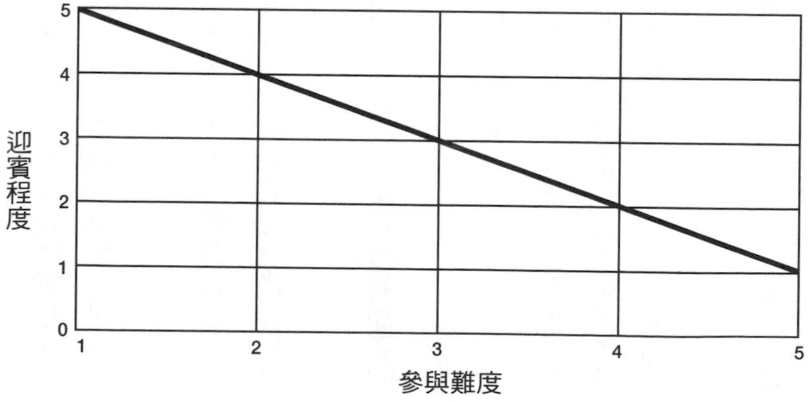

度就會比要價九十七美元的活動還高。這兩場活動的參加者，對於活動的期待也非常不同，而身為籌辦人的你，對這兩場活動的參加者可能也有不同的期待。

二，你也可以利用這個模型，評估各種微小的「迎賓程度—參與難度」時刻，像是開場派對、午餐活動，甚至活動節目。

你的終極目標，是幫助每個人都找到自己愛吃的貝果（參與適合自己的活動）。你有去過那種有數十種貝果的麵包店嗎？那還真是令人吃不消。

我跟某位人士聊過，他是某場萬人活動的籌辦人之一。活動規模這麼大，光是選擇行程就已經令人吃不消了，活動指南厚達七十頁。他們的解決方案之一，是替排名前八到前十的「虛擬賓客」擬定推薦路線。這樣就能建議大家該怎麼起頭。一旦他們開始行動並產生一些聯繫，這場活動就會變成截然不同的體驗。

警告：假如你想請人「踏火」（字面上的意思，就像東尼・羅賓斯的活動那樣），那麼你的邀請力道就要非常強，才能獲得參加者的高度參與！

羅賓斯有個你的活動所沒有的東西，那就是名氣。許多人都已經知道活動會邀請他們踏火，他們都看過影片了。早在他們報名之前，很可能就跟踏過火的人聊過天。這樣做並不表示他們對踏火已有十足準備，但他們付錢參加活動，就是為了體驗踏火。

再舉個例子。假如你在舉辦募款餐會，那麼這場活動一開始就是高邀請度、低參與難度的場合。你希望大家舒服自在，所以你該把他們介紹給別人、讓他們吃飽喝足、確保他們樂在其中，或許可以玩一些有趣的遊戲、甚至抽獎，不必花太多錢的那種也行。

然而，這場餐會結束的時候，卻會變成低邀請度、高參與難度的型態。不是每個人都願意接受募款邀請（其實這才是最重要的邀請，也是募款人的使命）。而有些人甚至會受邀參加更親密的聚會（只有少數人能參加），以做出更重大的投資。

大多數活動的目標，都是讓大家做出進一步的承諾。對某些人來說，這可能是他們的第一步；對另外某些人來說，這可能是既劇烈又重大的一步。請小心，不要評斷你的賓客。某人的一小步，對別人可能是一大步。

我記得我在聖地牙哥的私立學校任教時，曾跟一位家長競標。我們都想要跟一位知名作家共進晚餐。我很快就達到預算上限了，畢竟那時我只是個牧師，薪水並不高。我很樂意為這次晚餐出這麼多錢，但不能再多了。

令人意想不到的是，這位跟我競標的家長、同時是我的好友，居然退出競標，並讓我有榮幸吃到這次晚餐。後來我才得知，他願意出的價錢是我的五到十倍。

這頓晚餐的參與難度對他來說不值一提，對我來說卻非常高。他如果再多出五美元就會得標了，搞不好學校還會為此慶祝募到更多錢，但他心中的參與難度可能就會比我低不少。

步驟三：挑選會場的眉角

麵包的形狀，會受容器及模具影響。顯然，你想要的形狀取決於麵包的外觀和用途。例如熱狗麵包就很難用來做傳統的漢堡。

「烤箱」就是活動會場，等一下我們就會談這件事，而**麵包的形狀，就是你使用這個空間的方式**。包括室內布置、顏色使用、燈光、空間的流動性等。我們將會深入研究這些領域，它們全都會影響你所舉辦的活動類型。

許多手工麵包（像是布里歐），都要花費烘焙師好幾年的時間才能做到完美。烘焙師絕不會要求新人試作這些麵包，直到他們熟練某些技巧。同理，也別指望你辦的第一場活動就能發揮所有精彩的事物，因為別人可是辦了好幾年才能達到如此的精彩程度。

關鍵因素在於時間。花多久時間烤一條麵包，會影響許多事。**你花多久時間規畫一場活動，也會影響你的準備程度**。在行程表中安排足夠的時間來休息和轉場，是超級重要的事。

但有件事你可能沒想過。活動規畫老手、聖地牙哥 Right Hand Events 公司的執行長艾莉絲．羅林森說過：

「為活動挑選場地時，**大家都忘記該思考的事情，是進場和撤場的時間和要求**。這部分不怎麼吸引人，但無論顧客還是主辦單位都經常忽視它。如果你沒有顧到這個關鍵點，就可能要花更多錢，甚至會影響你的成果。請務必考慮你要在當週的哪一天、當天的哪個時段布置和撤除場地，因為如果動用到加班時間或週末的話，成本會貴很多。我總是建議大家，**要留時間給主辦單位和顧客雙方作為緩衝**，即使你可以在之後的日期再釋放這個緩衝（這樣當然也是最佳做法）。」

步驟四：確認場地性質與活動調性

我們在前文就有談到，烤箱的類型、溫度和條件，可能會對成果產生巨大的影響。首先，我們來看看烤箱類型。

披薩的烤箱、傳統的對流烤箱、直接用火烤，烤出來的成果都不一樣。手工麵包師傅會花許多時間研究烤箱種類，創造出他們想要的食用體驗，並維持一致。而假如烤箱是你顧客體驗的一部分，那又更不一樣了。

Goat Milk Stuff 農場的創辦人吉姆．喬納斯（Jim Jonas），決定在他家游泳池旁蓋一座披薩烤箱，這樣就可以利用食物和趣味，為家人和朋友創造精彩的體驗。他甚至讓賓客自己做披薩和烤披薩，一切重點都在於體驗。不過，喬納斯的太太烤麵包給三十位職員吃的時候，用的就是大型對流烤箱。這是為了效率和一致性。

烤箱可以拿來比喻你的活動場地。如果你決定把活動辦在棒球場，那就千萬別辦那種有分組討論的傳統大會，那只是自討苦吃，但你可以舉辦很棒的球場式學習會、大型派對或演唱會。同理，美術館非常適合那種親自動手、小眾導向的創意聚會或學習活動。

接下來，我們來看看溫度如何影響麵包停止膨脹的速度、麵包的溼度和脆度。如果你想要外酥內軟，那麼烤箱的溫度要高一點，但烤的時間要短一點。

另一個因素是溼度。許多烘焙師會提高烤箱的溼度來產生蒸氣，這樣麵包就會維持潮溼，但喬許．艾倫做窮小子三明治要用的麵包時就不是這樣，因為他認為溼氣會無意間影響麵包的質感。

這些人來參加你的活動，難道只為了學習嗎？他們在乎交際和派對嗎？**內容、交際和趣味性的平衡，是你應該呈現給顧客的**。至於你該怎麼辦到這些事情，那又更重要了。

在一次「社群媒體行銷世界」大會上，有位參加者一直跟我們的職員抱怨，從溫度、節目之間的休息時間長度，到室內的布置，全都被她罵過一輪。最後終於有人忍不住，問她到底在不爽什麼。

原來她是NASA的高階工程師，她來這裡，是想要以最快的速度學到最多東西。她覺得交際應酬沒意義，所以我們努力創造給行銷人員聯繫、對話的時間和空間，對她來說是沒價值的。當然，我可以辯解說我們的活動並不是為工程師設計的，但想像一下，假如來抱怨的人是我們的核心受眾呢？我們應該會想要改變場地、行程和氣氛，以求符合她想要的那種學習活動。

辦活動並不難，就很像教十二歲小孩烤麵包。他們絕對烤得出麵包，而且也並不難吃。然而，假如你想舉辦非常難忘且震撼人心的活動，那就需要烘焙大師的技巧。**若想讓一件事從「好」變成「很棒」，其中的巧妙之處，需要你花費時間和注意力在細節上**。有時你必須聘請一位活動規畫大師來達成這點，且讓我再分享一個和腳踏車有關的例子。

我在念大學時，鄰居幫我從英國買了一臺萊禮（Raleigh）的公路腳踏車。它送來的時候沒有組裝，但我覺得我已經自己玩腳踏車好幾年了，應該可以應付得來。

我組好後試著騎騎看，但發現有個地方鬆掉了，於是決定把它牽去我家附近的修車行，徵求專家的意見。結果我只聽到一陣臭罵：「這是誰組的？我家十二歲小孩都組得比他好！」此時我才終於體會到，**專業和訓練有多麼重要**。

辦活動的技術

試問：假如你把你的活動比喻成麵包，那麼你的參加者會喜歡什麼類型的麵包？他們想要超商麵包還是手工麵包？他們的喜好跟你辦活動的喜好有什麼差別？

練習：

1. 邀請你的團隊一起烤麵包。多烤幾條不一樣的，每一條都刻意照你的意思去烤。用你選擇的烤法來比擬你正在規畫的活動。烤完後，看看成果是否符合你的期待。如果有時間的話，請多烤幾次，看看你是否能改善成果。每次烤的時候，都要確定你的意圖和期待是清楚的，這樣你才能判定成果是否符合你的規畫。
2. 如果你的團隊裡沒人會烤麵包（或你請不到別人來協助此事），請拜訪當地麵包店，跟他們聊聊他們是怎麼創造體驗的。看他們會怎麼規畫活動。

第五章
去哪裡找工作人員？包括志工

我永遠不會忘記克拉克（Clark）。他是我家附近星巴克的店員，總是戴著一個超人（Superman）主題的名牌[1]。我覺得很有趣，就開始跟他開玩笑說他到底有多「超級」。如今我拿咖啡的時候，他都已準備好用「超級」的水準服務我。

這一章我們就用餐廳當比喻，畢竟那就是我們吃麵包的地方！

餐廳跟活動很像，每間餐廳對顧客體驗都有一套清楚的流程。為了這一章，請想像一下

1 編按：超人的本名剛好是克拉克。

你去餐廳吃飯，從帶位員或是領班接待你，然後服務生前來服務你的流程。

思考一下餐廳體驗中的一般步驟和額外步驟：

1. 停好車（有些餐廳會有代客泊車）。
2. 接待員為你打開大門（不一定）。
3. 帶位員接待你入座。
4. 看菜單的時候，服務生拿水跟麵包給你。
5. 服務生對你自我介紹，然後替你點飲料。
6. 服務生上完飲料後，再替你點菜。
7. 你的菜終於上了。
8. 服務生確保每件事都如同預期。他會修正任何問題，補上任何遺漏之處。
9. 用餐的時候，服務生始終都在看顧你。
10. 你點了甜點，甜點上桌了（不一定）。
11. 服務生拿帳單過來，你結了帳。
12. 離開的時候，帶位員感謝你的光臨。
13. 你找到自己的車子（或是去找泊車小弟），然後開車離開。

幾乎所有餐廳的服務流程都差不多，只有稍有變化而已。那麼普通的餐廳跟很棒的餐廳差在哪裡？差在做這些事情的方式，以及做的人是誰。

挑一間你最喜歡的餐廳，思考一下你為什麼喜歡它。或許是因為食物、氣氛或娛樂性，但我猜你有注意到，它的員工不太一樣。好的餐廳會照顧員工，進而降低員工流動率。但這些餐廳也知道怎麼授權給服務生，進而創造出很棒的體驗。

我住在堪薩斯州威奇托市，這裡有一家高級牛排館叫做「切斯特」（Chester's）。它的菜色和服務都很出色。每位服務生都非常投入用餐體驗，而且就算菜單上沒寫的菜品，他們也會想辦法變出來，提供額外的價值。

有一次我去的時候，遇到一位特別投入的服務生，結果我們居然聊起他的人生和職涯。他令我留下深刻的印象，後來我在另一家餐廳吃飯的時候，服務生竟然又是他，可想而知我們有多麼吃驚！當時我並沒有立刻認出他，但我留意到他的服務態度。然後就想起來了。

在活動產業中，人員是我們最大的資產。二〇二〇年的疫情，迫使主辦單位必須徹底改造活動，並且運用創意，以有限的預算來創造精彩的體驗、運用你的職員和志工讓客人留下記憶。

回到我們的烤麵包比喻。前陣子我去拜訪我家附近一間麵包公司，希望可以跟優秀的麵包師傅聊聊，因為這間公司的麵包在本地相當出名。但我跟麵包師傅聊過之後，驚訝的發現她其實沒有很懂烘焙，她只是照著指示做而已。

喬許・艾倫（我上一章有介紹他）就與她剛好相反，他烤的每條麵包都不斷替顧客創造很棒的體驗。他完全了解所有能改進體驗的地方，讓每位顧客都有完美體驗。

你想要追隨者的食譜，還是烘焙大師的食譜？但這其實是錯誤的二分法。每位烘焙大師都是從食譜開始學習的。但厲害的烘焙師會問「為什麼」並且做實驗，看看會發生什麼事。真正厲害的烘焙師，做這件事的時候不只是想了解可能性，也想解決特定的問題，或產生特定的成果。

比如，我也是受過訓練才成為爵士薩克斯風手的。我很小的時候就開始學習音符和音階。後來在七年級時學到即興演奏的概念。一開始我很怕它，因為我不想吹錯，後來才慢慢學到一些比較保險的吹法。

此後，我有很長一段時間對爵士樂都抱持這種態度——只吹保險的音符。直到我開始藉由聆聽和模仿來研究大師，演奏技巧才突飛猛進。隨著時間經過，我已經混合了幾位偶像的風格，像是約翰・柯川（John Coltrane）、韋恩・肖特（Wayne Shorter）、史坦・蓋茲（Stan Getz）、麥可・布雷克（Michael Brecker）、艾瑞克・馬林塔爾（Eric Marienthal）、寇克・華倫（Kirk Whalum）。

這跟你的職員有什麼關係？我只是想告訴你，**你必須懂你的人員、以及他們的職責**。有些人需要食譜參考；有些人已經準備要模仿大師、超越食譜；有些人已經準備要領導別人。以餐廳為例，我們利用一個簡單的表格，來看看這件事對於幾個職責的影響。這個表格對你的團隊可能很實用（見下表5-1）。

我有個女兒才剛去餐廳上班。她當服務生的第一週，就要負責一大桌客人，而且他們到店的時間都不同。她在為每個人點餐前還都有一段話術（基本上就是預先背好的說詞）。而那桌總共八個人，分成五輛車前來餐廳，所以我女兒講了五次話術。結果她只好跟最先到的幾位客人道歉，因為他們要一直聽她重複那些話！

新員工，得有學習模仿的對象

我去過全美國好幾十家星巴克。我覺得他們的

表5-1　不同的職責與可能做法

職位	遵循的食譜	模仿大師	領導更多人
接待員	按照劇本走	模仿接待主管	訓練其他接待員
服務生	按照非常具體的劇本走	追隨表現好的服務生，並模仿他們的做法	成為其他服務生的模範
廚師	把食譜當成聖旨（沒人喜歡廚師亂改他們點的菜）	看看有哪些地方可以加入一些個人的巧思	創造新菜色和概念

氮氣冰釀咖啡比別家都好喝，甚至有點上癮。

但我也發現，每家店面的產品雖然一致，體驗卻不一樣。於是我請教威奇托市一家店面的店長。她說，事情是由店長起頭的。由**店長決定調性，然後其他人追隨她的領導**。如果她大聲接待客人，她的員工為求保險，也會這樣做。如果她能清楚記得顧客的名字和順序，人員也會努力這麼做。小事一直做，時間久了就會讓文化產生巨大的差異。

曾有一次我訪問李・科克雷爾，他之前是迪士尼樂園的營運長。他的說法也很類似。他說迪士尼樂園與其他主題樂園的差別，在於注意細節，並且不斷渴望學習和改善。員工會被鼓勵設法改善顧客體驗。例如「快速通關」（Fast Pass）就是某位樂園員工的創意，因為他注意到顧客不喜歡排隊。但假如領導階層沒有花時間傾聽員工的意見並做出回應，那麼員工就會覺得自己沒有權限。

有人說要主動當志工，該答應嗎？

《從A到A＋》（*Good to Great*）的作者詹姆・柯林斯（Jim Collins），在書中建立了一個概念：你要先找到對的人加入團隊，再來擔心他們的表現。他們符合文化嗎？如果他們是志工，他們的動機與你的需求一致嗎？

「社群媒體行銷世界」草創那幾年，我們對志工沒什麼經驗，也不了解上述的原則。所以當一位朋友說想來當我們志工的時候，我們眼睛為之一亮。這位朋友有豐富的電視節目製作經驗，而我們需要這些技巧，幫助我們打造精彩的專題演講體驗。

不過，她雖然有我們要的經驗，但她的個人事務跟我們有衝突，卻沒有講清楚。由於生活上的狀況，她無法暫時放下她的事業，空出三天前來我們的大會、協助活動。她報名的時候說她可以幫忙，卻沒告訴我們事情有變化，結果當她沒有出席會議或值班時，令我們很為難。我們最後不得不拋下她往前進，但我們學到了「確定你有找對人」有多麼重要。

我們還遇過另一位志工，他以優異的成績通過申請流程。然而，雖然他是很厲害的聯繫人，卻抱有個人的野心，想利用這個職位來接近演講人，這樣他就能採訪他們。當他開始在值班的時候這樣做時，我們不得不質問他，並請他等到下班後再說。

這些人都不是壞人，他們只是目標不一樣而已。有時我們可以跟這些限制妥協，找個適合他們的職位。但有時我們就必須說：「你知道嗎？如果你想達成你的目標，那你最好付費當客人來參加活動。」

讓員工快速上手的五個準備

辦活動的頭幾年還滿令人興奮的。我們會穩定成長、獲得稱讚。事實上，因為得到太多讚美，以至於沒有看見自己造成的問題。

有好幾十個人想為我們工作，而我們的團隊必須成長。該怎麼做？我們會僱用喜歡我們的人，以及技能符合計畫性需求的人。但我們不知道的是，一個人的內勤工作做得很好，並不代表他們在現場也能發揮實力。

關於這件事，有幾個方面是你建立團隊時值得去探索的：

1. 僱用「能扛住壓力的人」

你還是小咖的時候，並沒有奢侈到能僱用一大批各不相同的人，所以你需要具備「對的技能和性格」的人，才能應付活動的壓力。

根據 CareerCast 網站的說法，**活動規畫人是壓力排名前五的職位之一**。我們可以想像一下鴨子或天鵝。這個人是否能夠一邊拚命划水，一邊向民眾展現冷靜且親切的風度？他們面對變化、多重需求，以及時間緊湊的期限（例如現在就必須完成的事），會怎麼回應？

2. 釐清每個人在現場的職責

我們曾犯的錯誤之一，就是沒有認真思考一個人在現場的職責。舉個例子，我最近跟顧客服務經理見面，發現她的現場職責在活動第一天時仍非常清楚，但之後，她就變成哪裡有需要就跑去那裡，結果使她無法發揮專長。我們事前計畫時，就要觀察活動中每個人在每個小時做的事，這樣才能產生合理的期待和清晰度。

3. 提供事前訓練

在活動期間，你將會屢次要求員工做到他們日常職務以外的事。**請確保你的職員受到的訓練至少跟志工相同**，但我會鼓勵你提供更多訓練給職員。

志工常會把職員當成專家。但他們不知道，眼前這位編輯並不是一整年都在忙活動。所以你該讓這位編輯做好額外準備，這樣她才能協助志工。況且這位編輯也想把工作做漂亮，所以稍微準備一下是有幫助的。

既然談到訓練，我們也談談志工吧。大家之所以喜歡我們辦的活動，其中一個原因是，我們真的會花時間訓練志工。不過我們的老志工每年都聽同樣的東西，已經很膩了，所以我們發掘了一些方法，用科技來解決問題。

我們現在創設了線上訓練課程，大家可以按照自己的步調學習，這樣我們就可以把現場訓練時間拿來鼓舞、提醒他們，以及最重要的——練習他們無法在家做的事情。你可以使用Kijabi、Learndash、Thinkific之類的線上學習平臺完成這點。

4. 哪些突發狀況可以預期？

運動員和音樂家都知道這句口號：「我們怎麼練習，就會怎麼表現。」

大多數活動職員都有一個問題：**他們從來不練習他們要在現場做的事情，結果導致他們一再措手不及**，就用我的經驗來當例子吧。

那次我們的活動場地從一端走到另一端，大約是五百四十公尺。這表示，活動團隊每天要走兩萬到四萬步。我平時都在家工作，每天通常只出門走兩千到八千步而已。

二〇二〇年時，我知道這是個問題，所以我在活動前努力讓自己每天走到一萬步，可惜有點太晚了。我雙腿的連結組織（髂脛束）有了嚴重的毛病，結果我無法走動、甚至站不起來。最後還無法參加其中一場派對，因為我實在太痛了，所以那天晚上我在做瑜珈、泡按摩浴缸，試著放鬆我的組織，這樣我才能睡覺，明天才能上工。要是我花更多時間鍛鍊身體，就不會發生這種事。

活動期間有許多突發狀況是可以預期的。比方說，**你的視聽設備幾乎一定會出錯**。這很可能不是視聽設備公司的錯，如果設備故障，好的公司通常會有備用的器材，因為他們知道這種事可能會發生。例如麥克風會故障、音響會沒聲音，或是演講人的簡報有段影片無法播放。為了不被這些已知的潛在問題嚇到，你應該花時間「角色扮演」，看看該怎麼跟團隊一起應付它們。

以下是一些你可以練習的情境。請排練你回應每個情境的方式。然後你也可以自己想出一些情境：

- 休息時間、午餐或上廁所時人們大排長龍。
- 顧客抱怨室內的溫度不舒服。
- 志工開始抱怨他的職責，並且開始散播關於你團隊的八卦。
- 來賓溜進演講廳，在上百個座位放上他的宣傳品。

你沒看錯，最後一個情況發生過好幾次了。我最「喜歡」的一次，是有人居然偷渡了幾百罐鹽巴進場，每罐鹽巴都附上一段多層次傳銷計畫的資訊，然後他們把鹽巴擺滿了前五排座位，令我們的團隊「鹽」面盡失（抱歉，我在耍冷）。

5. 視覺化練習，用複誦、想像親臨現場

神經可塑性這門科學，已經展現出**視覺化學習的威力，在許多事情上都跟實際練習一樣有效**。假如你有遠距上班的員工（許多公司都有），你就有可能需要引導大家透過作業，了解他們在不同職責與情境中的表現，以及他們想要的練習方式。如果運動家和音樂家可以藉此加速準備，那麼「活動家」也可以（其實我們既是運動家、藝術家，更是超級英雄）！

這要怎麼運作？以下是兩種我運用視覺化的方式。

第一，讓團隊聚在一起看活動行程表。

你可以用視訊做這件事。**請一個人大聲喊出每小時的節目，接著要每個人說出這個節目時段他人會在哪**，然後閉上眼睛，將自己分內的工作視覺化。這項作業可以找出行程中壓力較大的部分，同時也能揭露「一個人一次要做三件事」的問題。

第二個方法則是更深入、更個人化的作業。

你要提供團隊成員好幾個情境，讓他們將自己的工作視覺化。正如我們之前談過的，你要預設幾個出狀況的情境。這樣他們就能在腦中練習回應方式。為了強化這個效果，請鼓勵職員在他們的社群中，找到可能會發生類似狀況的地方。**請他們觀察別人怎麼做，然後再想像（視覺化）自己該怎麼應付同樣的情況**。

例如，餐廳每天都要處理顧客服務的問題，因此你可以鼓勵職員去一家忙碌的餐廳，然

後坐著觀察。他們可以寫下喜歡的做法，以及他們想改善的做法。接著，他們便能將這兩張筆記視覺化，想像自己在做同樣的事。

歸屬感，讓來賓覺得自己重要

我最近在想：為什麼人們總會喜愛某幾間餐廳更勝其他間？

我曾請我的線上社群推薦「顧客服務體驗很棒的餐廳」，但我得到的答案，幾乎都在講食物、場地和氣氛。我只好再追問，大家才開始談顧客服務。服務只有做得很好或很爛的時候，你才會注意到它。

好比某天我開車去星巴克時，溫恩（Winn）從得來速的窗口問候我。我一進門，克拉克就大聲跟我打招呼，然後另一位店員問我是不是要喝「老樣子」。他們讓我有歸屬感。

此外，我也永遠忘不了我唯一一次在麗思卡爾頓酒店（Ritz-Carlton）用餐的經驗。感覺就像昨天的事，但其實已經將近二十年前了。彼時我跟餐廳經理約了見面，於是他告訴他的職員我要來訪，而我卻不知情。我一到場，就有一大群人來接待我，從泊車小弟開始。

我感覺像誤闖仙境一樣。我完全不習慣吃飯的時候有三支不同的叉子跟亞麻布餐巾，還很確定自己的餐桌禮儀一團糟，對我朋友（也就是餐廳經理）很不好意思。但沒有人讓我覺得自己不屬於這裡——恰恰相反。每個人都想盡辦法要讓我覺得自己很特別。

這就是好服務的終極目標。**照顧到客人的需求，並且讓他們感到自己既特別又重要。**

盡量直呼賓客的名字

接待這檔事，會讓顧客體驗產生極大的差異。

我在某天早上前往住家附近的星巴克，就充分體會到這件事。那時我正在傷腦筋，到底要開去得來速、用手機點咖啡，還是走進店裡。但一看到得來速大排長龍，我就放棄了第一個選項。既然我人都來了，那就走進店裡吧。過去幾年來，我已經跟幾位職員混熟了。

我一打開店門，店長賈倫（Jharon）立刻熱情接待我。她把我拉到一旁，問我的家人過得如何、大會辦得怎樣。她想繼續跟我聊天，於是她請我站到旁邊，她才能幫下個客人點咖啡。即使她很忙，我們還是一直聊。

然後，她親自把咖啡拿給我：「菲爾先生，您的咖啡。」

你有所不知的是，距離我上次來這家店，已經是兩、三個月前的事了。而且我只跟賈倫說過三次話，每次都沒有聊很久。後來，我總是會走進這家星巴克，因為他們知道我的名字，而且能讓店員看見我的話，多花五分鐘都值得。

我觀察賈倫工作時，發現她對幾位顧客都建立了同樣的融洽關係。她的職員則追隨她的領導。這跟前任店長相比是不同的體驗（不過前任店長也很棒）。

當我主導活動時，都會請職員在門口努力擺出友善、熟識的表情，讓大家感覺受到歡迎。我們盡量直呼他們的名字，因為自己的名字比起代名詞，聽起來簡直就像天籟（當然，老媽罵人的時候除外——「菲爾．詹姆斯．默尚！你給我過來！」……這句話我到現在還是會害怕）。

準備檢查清單——你一定會用到

某次我嘗試做蛋白奶昔，喝了一口後才發覺我把食譜看錯了。我把「兩小匙」奶昔粉看成「兩大匙」。這造成了極大的差異，都怪我不夠謹慎。我可以找藉口說我視力不好，分不出兩小匙跟兩大匙，但這不是重點。有時，細節不只是很煩而已，它們可能茲事體大。

在快節奏的活動中，當節目必須進行下去，你很容易忽視細節。因此**核對清單非常重要又有幫助——但你會忘記檢查它們**。

有場我主導的活動上，團隊人員的流動率很高，新團隊中有些成員覺得我們的核對清單有點綁手綁腳、沒必要，所以我們就沒有檢查它們。在此向你保證，我們再也不敢這樣了。

這些清單本來可以省下許多小麻煩的——**大多數的使用者永遠不會發覺這些小事**，但有做好的話，我們就不會操勞到頭髮變白、甚至少年禿了。

注意員工形象：從你自己開始

員工們對活動的影響力，跟他們的人數是不成比例的。你手下的全體人員在活動的每個階段是怎麼現身的，都會被來賓感受和看到。

假如你的職員等不及要收攤，參加者都會察覺到。假如你的職員感到無聊、惱怒或疲勞，參加者也會注意到這些線索，並開始從活動抽身。

當你在餐廳吃飯時，是否曾聽到服務生在後臺抱怨，但他們沒發現你有聽到？這應該很尷尬吧。我如果去了這種地方，就會盡快離開，並發誓永遠不會再來，因為我不覺得自己受到重視。我可不想聽他們抱怨，除非我能幫上忙。

既然你都在讀這本書了，我就假設你是領導者吧。**領導者會替整個團隊定下調性**。**你應該是最早到場、然後最晚離開的人之一**。你可以用自己的方式疼惜團隊，但也要同時留意你的顧客、演講人和攤商。你當然並非無所不在或無所不知，但你還是要密切注意活動中的所有角色。

來賓可分不清他是志工還是員工

在電影《芭比的盛宴》（*Babette's Feast*）中，有一派清心寡慾的丹麥基督徒，過著排斥外人和玩樂的生活。主角芭比（Babette）為了逃離巴黎的暴動而前來與他們一起生活。她花了整整十四年才贏得社區的信任。然後有一天她中了樂透，但她並沒有把錢都花在自己身上，而是決定替好友準備奢華的大餐、用愛心準備的盛宴慢慢打破藩籬。社區也學會享受食物、人生和彼此。

我們大多數人都不會替討厭我們（更別說互相討厭）的人辦活動，但我敢說，以細心準備、以愛心服務的活動，將會產生歸屬感，開啟各種轉變人心的時刻。而這一切的起點，就是**了解你的顧客，並預測他們的需求**。

我有次跟朋友一邊吃飯一邊談生意。我講了一個非常感人的故事（其實我每次講這個故事都會哭，那次也不例外）而服務生注意到我在哭，就過來拿起我的空杯子，說：「你需要再來一杯！」說完她就去倒酒了。

結果我破涕為笑，話題也變幽默了。至於這位服務生則得到比平常更多的小費，因為她為我們創造了這一刻，加上這杯酒的金額——這有點算是我自找的吧。

但在種種活動中，請了解，**外包攤商也算是你的人員**。

客人可分不出核心職員、志工和攤商的差別。假如你要求攤商穿上你團隊的制服（我們就是這樣做），那就更難分了。但攤商的核心價值經常與你不同，該怎麼克服這個問題？

我們會邀請所有攤商參加職前培訓，但重點在於，你無法在一小時內改變一個人的作業系統。**我們可以挑選對的人來當職員和志工，但也必須忍受攤商的團隊成員**。我們告訴大家，我們在找的是既友善、又以顧客為中心的團隊成員，但也注意到，每個人對這件事的想法不見得一致。

例如，我敢說大多數的速食餐廳都了解顧客服務的重要性。而福來雞（Chick-fil-A）跟麥當勞（McDonald's）在大多數的做法上就差很多。福來雞在訓練跟形象塑造上，都以服務為優先。麥當勞的訓練雖然也有包含服務精神，但他們似乎更注重效率和一致性。

辦活動的技術

試問：該怎麼讓對的人做對的事情，形成好的文化？

練習：跟你的團隊去一家服務好到出名的餐廳，列出所有他們令你印象深刻的做法，寫下你可以學到的教訓。假如你想更嗨一點，就再去一家服務爛到出名的餐廳，然後比較兩種體驗。

一言以蔽之：認真審視你挑選的職員及訓練流程，藉此培養出很棒的顧客服務。

第六章
人的平均注意力只有七分鐘

我永遠不會忘記肯（Ken），他某次受邀為一場重要的產業活動演講，兩個主題剛好都是我喜歡的：音樂和行銷。我讀了他的節目簡介後非常興奮，心想，終於有人懂我了。可惜，我卻感到非常失望。

我後來提早從節目離開，因為他的節目簡介雖然寫得很好，卻與內容不符，所以一點都不精彩。回想起來，我懷疑他是用演講的題目、簡介和短片，說服活動籌辦人給他機會的。你有遇過這種事嗎？

本書寫到這裡，我想做個假設：**你應該會想設計出內容豐富的活動**。

貿易展、博覽會，以及純粹的交際活動，都長得不一樣，即使它們都適用本書的某些原則。我們繼續用烤麵包來比喻，大家既然來參加內容豐富的活動，應該不想吃到超商麵包吧？超商麵包沒什麼不好——它很適合拿來做花生果醬三明治，打發掉午餐或快速補充能量。但假如你想在事業或人生中追求轉變人心的體驗，那要求就會比較多一點、不同一點。

烘焙師都知道，如果想要影響麵包的味道，首先要改變麵粉的品質。他們不會採用次級或一般的麵粉，而是會以獨特的方式來磨麥粒，甚至還有獨門磨法。他們可能會採用風味獨特的特產麥粒，或者有機麥、無麩質的麥。

你是否有注意到，無麩質產品剛推出的時候，大多數的無麩質麵包都不是很好吃？如今烘焙師已找出方法，能夠推出既好吃又不會散掉的無麩質麵包。

這就是你必須為受眾做的事：**了解他們的獨特品味與喜好**，才能替他們烤出完美的麵包。這需要實驗與精進。每個受眾都有點不一樣。

你的目標：要達成什麼？

你的目標是：「**製作正確的內容，促成有意義的對話，這樣你才能為你所盼望的轉變做好準備。**」

如果我在早年聽到這句話，應該會覺得很煩。我不覺得自己在期盼某種轉變——這聽起來也太像推銷話術。我只希望大家齊聚一堂、學習一些好東西，然後再來參加一次。喔，如果他們能告訴朋友就更好了。

可是想想看：再來參加一次並分享經驗，其實就是一種轉變。或許你盼望他們做出更明確的轉變，例如購買更昂貴的課程、加深他們與你的關係，或做出某種個人承諾。但這一切都是以內容為起點。這意味著你的顧客就是起點。

你的顧客：他們是何方神聖？

活動前夕，我跟團隊分享構想時，自然就有人問道：「我們的顧客是誰？」其實當時我們不知道自己需要更多資料。你也一樣。你有多了解顧客的喜好、興趣和人口統計資料？

假如你在替千禧世代的男性規畫活動，那麼它就會跟瞄準中年女性的活動完全不同。多數參與者為北美人的活動，也跟屬於歐洲來賓的活動差很多，即使他們都會講英文。你對演講者、擺設、座位、派對、娛樂、甚至內容形式的選擇，也將會有所不同。

我記得我第一次參加競爭者舉辦的活動，便覺得他們全都做錯了。但我沒有意識到，他們的受眾跟我辦過的截然不同——他們吸引的是「有自己事業的男性網路行銷人員」，我們吸引的是「為別人效力的女性社群媒體行銷人員」。廣義來說，他們都屬於數位行銷市場的一部分，但隨著產業成熟，我們慢慢了解到「學習需求」與「想要的體驗類型」，主要是由受眾塑造的。

烘焙師也一樣，假如你的受眾光吃現成麵包就很開心，那就別花時間做手工麵包了。但我敢說，只要場合對了，大家都愛吃手工麵包。也別拿硬皮法國麵包來做三明治——雖然還是做得出來，但這種滿嘴麵包屑的口感，真令人「屑」一氣（抱歉，我又耍冷了）！

你是否曾替小孩切掉麵包皮，只為了讓他們願意好好吃三明治？如果你弄錯了麵包皮的種類，所有人都會把它切掉、丟掉。你不只是搞得一團糟而已，還讓所有人都很洩氣。

如果活動內容沒有擄獲人心，下場就是這樣。更別說當來賓必須花費許多心力，才能找到真正幫助自己的節目，絕對會使他們心灰意冷、轉身離開。而且他們可能永遠不會告訴你為什麼，或甚至連自己都不知道為什麼，只知道某些事情不對勁。

因此，你務必花時間了解受眾的品味和喜好。

好的烘焙師會讓人試吃，**好的活動規畫者則會使用問卷調查和焦點團體**。

如何知道來賓喜好？直接問

從你的受眾出發。有很多方法可以得知受眾在乎什麼，而且不一定要使用過去那種昂貴的焦點團體法[1]。社群媒體就是最棒的「免費」焦點團體。假如你問對問題、問對了人，就能得到很棒的見解。

最好的做法，就是對你的測試對象做假設。

在社群媒體上，**如果你的問題需要花十秒以上思考答案，那麼大家就不會想回答了**。所以你的問題要很容易。有一年，我們在判斷地毯該用什麼顏色的時候，就跟大家玩得很開心。你可能也要用相同方式找出大家愛喝雞尾酒還是啤酒？愛唱卡拉ＯＫ還是安靜的交際？

以下是一些很棒的提問方式：

- 以「你想要……」開頭，再提出兩個相反的構想。
  例句：「你想熬夜參加深夜社交派對，還是早起跟大家邊散步邊聊天？」
- 先問：「你會怎麼回應這則聲明？」然後插入一則能引起回應的聲明。
  例句：「所有大會都有提供免費咖啡。」

1 編按：就某一產品、服務、概念，透過詢問和面談的方式採訪某一群體，以獲取其觀點和評價。焦點團體的成員通常由實驗者選擇。

- 問大家：「只有我這樣嗎？」讓他們選擇站在你這邊，或是反對你。
  例句：「只有我討厭被迫交際的活動嗎？」
- 「我講個不太中聽的意見……」讓大家選邊站，看誰同意你。
  例句：「我講個不太中聽的意見：我覺得演講人的Q&A部分應該留到走廊再說，因為大部分的提問，對演講廳大多數聽眾而言都無關緊要。」
- 「不覺得……很討厭嗎？」提出一個你覺得會惹惱受眾的東西，看看是否有共鳴。
  例句：「每當去參加活動，報到之後卻不知道要去哪裡或要做什麼，不覺得很討厭嗎？這種尷尬，就跟你在學校時不知道要跟誰一起吃午餐一樣。」

問卷調查則可以更深入一點。有時你需要更深刻、更準確的見解。這時發問卷給受眾就能幫到你。你一定要提出夠多的篩選問題，才能篩選出你希望吸引到的受眾。

那**假如你還沒有受眾呢？那就跟別人借！**有些人擁有你想吸引的受眾，你可以跟他們合作，邀請他們一起調查他們的受眾。只是你要記得跟這些夥伴分享調查結果。

此外，你還應該跟顧客聊聊。如果你需要更深入的見解，才能確保是否正中目標，那就打電話跟顧客聊聊吧。直接傾聽顧客意見是最棒的。不妨錄下對話，這樣你就能記下他們「真正說過的字句」，而不是「你聽到的字句」。

「確認偏誤」是你最大的敵人。假如你以為自己懂受眾的需求，那麼讀到或聽到的資訊，都會佐證你的片面意見。因此同伴烘焙坊的喬許．艾倫曾說，烘焙師的第一個任務，就是放下主觀意見，才能真正了解顧客喜歡的口味。而活動籌辦人也是如此。

馬丁．弗雷特韋爾（Martin Fretwell）是活動產業的老將。有次他決定訪問他最棒的一百位顧客，想了解他們的需求。這些人多半都是高階主管。而他發現的事，讓他的生涯產生意想不到的變化——他了解到，客戶最大的需求並非「更多內容」，而是「更多有意義的交際」。

如果他從沒傾聽顧客的意見，就無法獲得這個見解。在馬丁認真傾聽意見之前，他對活動的改善只能稍稍提高滿意度，但自從改變重心後，滿意度就大幅提高了。

這個例子的教訓是什麼？那就是「傾聽你的顧客」。

你有多了解他們？而且要確定，你是在為他們規畫活動，而不是為你自己。

這些回饋都能幫助你辨認受眾想學什麼東西，以及想要怎麼學。有些人喜歡透過對話來學習；有些人喜歡吸收大量資訊；還有些人認為親手示範的學習效果最好。主題和你的受眾，將會協助你決定怎麼做最好。

去哪裡找演講人？找名人還是專家？

未來的學習方式正在改變。

虛擬實境（Virtual reality，簡稱VR）之類的科技，都開始在學習社群中創造過去無法想像的可能性。先前我跟奇異公司（General Electric）一位主管聊過，她替所有購入醫療設備的顧客，都安裝了VR學習中心，這些顧客斥資一百萬美元以上，只為了能遠距學習。

她告訴我，這樣做已經轉變了她支援團隊成員的人生。他們不必再每個月花十五到二十天在舟車勞頓上。而且顧客也很喜歡這個做法，因為他們可以更快速、更徹底的訓練自己的團隊，訓練期間也不必讓設備離線。

找到正確演講人的方式也在改變。

有許多方式能替你的活動找到演講人，而且這些方式都有效。而要選哪一種方式，取決於「你跟產業專家的聯繫程度」，以及「你想對內容體驗有多少控制權」。

有些活動會「號召演講人」，每個人都可以提交申請表，然後有個審核團隊會挑選符合當年議程的人。這樣做不但能提高多元性，也讓新人有機會在講臺上發揮。但這樣做的風險也較高，畢竟，申請表或宣傳短片都會大幅美化應徵者的能力。

我仍記得某次大會上，有個節目令我整場都很難堪。該演講人有個新奇的點子，而我也知道它為什麼能吸引到主辦單位，但他沒有履行承諾。主辦單位根本沒想到，他的三分鐘推銷話術根本撐不起四十五分鐘的精彩簡報。而我也大開眼界，如果我是賓客的話，可能也會覺得自己是被騙來的。

另一個方法，是親自招募每位演講人。這必須花時間建立關係，還要交際應酬和審核好幾次。但這樣做，就能保證節目的高品質。只是風險在於，你可能只敢邀請朋友、而不找新人，除非組織不斷在尋覓新的人才。

如果你願意花錢請人演講，那就去找演講人聯絡處。他們會幫你找到高品質演講人，並達成你的目標。此外，如果你希望演講人加入你的活動社群，那麼簽約時一定要談好。

曾有許多賓客向我抱怨過，他們想跟演講人聊聊天，但對方最後一刻才到場，演講完就立刻離開了。你的活動如果能邀到諸如網球名將小威廉絲（Serena Williams）等大咖來演講，那真的很酷，但你的受眾可能更想要跟講者私下多說點話，而不是眼睜睜看著他下臺閃人。不妨請演講人至少投入一天的時間在你的活動上。

許多活動都會結合上述所有方法，以找到對的演講陣容。而我認為「你想要的演講人類型」，甚至比「你要從哪裡找到他們」更重要。

以下是一些該考慮的事項。其中一定有幾個是你的活動特別重視的。

請找到展現出這些特質的演講人：

- 捨己為人：演講人是來服務你的社群，還是來推銷自己的書籍、服務？
- 社群成員：演講人是想成為活動的一分子，或者他只想講完就走？我們會請演講人至少待上一整天。
- 適應力：演講人願意為你的受眾量身訂做教材嗎？或者，他只是把同一份講稿拿出來照著念？
- 彈性：演講人能根據視聽設備的限制調整教材嗎？
- 謙虛：演講人是擺架子的明星，還是熱心的合作夥伴？
- 好學：演講人是否有去認識受眾，並且了解你的受眾跟其他地方的聽眾不一樣？

有個我最喜歡的故事，來自我們產業內的某位一流演講人。我就不說他的名字了，這樣才免得讓他尷尬。

二〇一九年時，這位演講人是我們評價最高的演講人。於是在二〇二〇年，我們再次興奮的邀請他來演講，但這次，他竟然變成評價最低的兩位演講人之一，令我們非常震驚。

我還真沒看過評價下滑這麼多的案例。不過當我將這個意見分享給他的時候，對方立刻就道歉了，這值得讚許。於是我們通了電話，在對話的過程中，他才意識到自己完全誤判了受眾，所以這套演講在其他活動的成效很好，卻不符合我們社群的需求。

由於他對負評的回應很正面，而且在產業內一直都是一流講師，所以二〇二二年，我們決定讓他再試一次。結果他徹底雪恥，重回評價前十名。對方不僅花了許多時間研究我們受眾的需求，還準備了一場專屬於他們的演講。這就是你想要的演講人！

給第二次機會時常是值得的。人們會改變、成長，有時速度還很快。我想到另一位演講人，她在線上活動期間表現得不太好。即使她在鏡頭前講得還算可以，我還是不太敢邀她來大會上露面。不過，團隊中其他成員覺得該給她一個機會。幸好他們說服了我，她後來也成為高評價演講人，而且我也發現，原來她在講臺上才能真正發光發熱，線上體驗無法展現她真正的光彩。

來賓還想來的原因：「感覺」自己收穫滿滿

精彩的節目，應該會使人採取某些行動。這些行動取決於受眾、主題和目標，因此各不相同。但在大多數情況下，我都希望精彩的節目能引起對話。事實上，真正的好節目，甚至在還沒結束時就能開啟對話了。

「外部處理者」（藉由談話來內化資訊的人們）需要許可和空間，才能立刻進行對話；而**「內部處理者」**（需要時間和空間，安靜思考他們聽到的東西）也需要時間和空間來內化對話，才能準備好交談。

因此，你要替兩種受眾規畫他們的活動空間和時間。我曾經做過一個選擇，就是增加兩個節目之間的休息時間，這樣就有時間進行三種對話：

- 內部處理者利用所需的時間和空間消化一切。
- 跟你旁邊的人，或是跟一群興趣相近的人對話。
- 演講人的 Q&A。

我是內部處理者。只要你給我五分鐘安靜的處理資訊，我就更可能去接觸外部處理者。節目主持人可以為此定下調性。

我們來稍微聊一下對話這回事。如果你的活動是設計來讓大家嘗試升級自己的某樣產品，那麼這就是你的主要成功指標。但我認為在你達到這個目標之前，一路上也必須引起好幾次「小型對話」。

你必須讓大家現身、選擇留在現場。你可以邀請參與者參加小組作業、激勵他們嘗試你創造的各種體驗，或者提供大家接受貴團隊免費諮詢的機會，這樣他們就會知道你想怎麼賣，而且你也提供了極大的價值。

就算不是在賣東西，你還是必須引起上述這些對話。**無論辦哪種活動，你都希望大家持續現身，並且找到極大的價值，這樣他們才會想再來，而且還會帶朋友一起來**。對於體驗取向的活動而言，顧客保留率是很大的成功指標。

思考節目以外的所有事：氣氛、餐點……

還記得三隻小豬的故事嗎？想想看，假如故事中第三隻小豬用磚塊蓋了房子，卻忘記用水泥把它們黏在一起，結果就會是大野狼還是能把房子吹垮。磚塊比木材還堅固，但它們要黏在一起才有用。

有太多活動就像沒有水泥的磚牆。這些磚塊既美觀又華麗，但沒有東西把它們黏在一起。人們只是來看磚塊的，所以一般來說，他們不在乎你用哪一種水泥，但水泥的確會連結事物。

那麼活動的水泥是什麼？就是節目之間發生的所有事情。它是你的節目主持人、娛樂、活絡氣氛、點心、咖啡、午餐，以及對話機會。這些都是大家在身心感受上，最可能選擇退出活動的考量點。但假如你有好好思考過該怎麼在節目之間創造連結，就能為參加者大幅提升沉浸感和社群感。

就我看來，這要從你的主持人做起：他們掌控場內情緒的功力有多高？他們能讓你的受眾彼此交談嗎？

XChange的執行長喬恩．伯格霍夫就很擅長這件事。他的活動開場總會請室內樂團演奏，讓大家又唱又跳——這是為了要使大家抱持正確的精神狀態參加活動。

他先向參加者示範該採取什麼心態和行為，再引導他們加入對話，這些對話都是他在簡報、個人與小組作業中編織出來的。他就像樂團指揮，推動大家經歷各種體驗，而且這些體驗都是被設計來幫助大家學習、內化並應用這個活動觀念的。

當你了解你的受眾，就會專注於最符合他們需求的學習形式。這會受到**學習目標**、**學習風格，以及演講人的簡報風格所驅使**。

學習目標：你希望活動中發生什麼事？各節目怎麼彼此協助，以達成這個更大的目標？

以下是五種基本的內容傳遞類型：

- **專題節目**：為了要傳授新的思考方式給你。
- **分組節目**：設計來教你做某件事。
- **研討會**：提供機會，給你嘗試新的技能或流程。

- **談話性節目**：激發大家討論活動中呈現的事物，或是社群感興趣的事物。這可以當作另一個節目的暖場，或是後續討論。對某些受眾來說，真正的學習便是發生於對話之中。所以別小看這件事。
- **產品展示或銷售簡報**：這些通常是攤商付費提供的機會，他們的產品或服務可能會令你的受眾感興趣。

如果這就是你的五種內容，你該怎麼拿捏它們的比例？請記住，一種節目只能成功引發一種大轉變（思考、行為或技能）。大多數來參加活動的人，頂多只能接受兩、三種大轉變。就算只接受一種轉變也算是成功了。

學習風格：我要說句無庸置疑的話：「成人跟小孩的學習方式不一樣，但不一樣的地方，可能跟你所想的不同。」

小孩的學習方式，是把新概念堆疊在已理解的既有概念上，成人也一樣。同時，只要讓小孩用到所有感官（視覺、聽覺、尤其是觸覺），學習效果就是最好的，成人也是如此。

孩子通常透過四種主要模式學習，而且根據發展階段、人格和其他因素，每個模式的難度都不同。這些模式就叫做學習風格，但目前大部分的文獻都駁斥它，還說它被過度重視了。**不過，我們真的是透過這些模式來學習，而且精彩的活動應該要同時包含這四種機會。**

成人仍然有學習偏好。

這四種學習偏好或模式是什麼？

- **視覺學習**：透過觀看與觀察發生。
- **聽覺學習**：透過主動聆聽發生。
- **動態學習**：透過主動參與發生，學習者嘗試新的工具、概念或方法。
- **讀寫學習**：就是你現在正在做的事（如果你有在抄筆記的話）。在活動中，節目主講人可能會請大家讀一篇論文，然後討論它。或者，大家要事先讀完一些資料，然後在活動中審視並擴大它。

雖然我們準備學習體驗的方式，不該只有這四種，但它們確實展現出我們需要多種傳遞內容的方法。比方說，當我們結合視覺和聽覺學習的時候，大家的學習效果就會更好。而當我們給大家機會，嘗試我們教他們的東西，資訊保留率將會大幅提高。

如果你想命中大多數的學習者，那就結合視覺和聽覺風格吧。這招有效，是因為**六五％的學習者都是視覺學習者**（或許這也是影片特別有效的原因），還有**三〇％是聽覺學習者**（Podcast和有聲書對他們很有效）。只有五％是動態學習者。不過所有類型的學習者都能夠享受故事並從中學習。

娜歐蜜・克萊爾・克萊林（Naomi Clare Crellin）是Storycraft Lab的創辦人兼執行長，她首創了「體驗簡介」（Experience Profiles）這個概念。而這些簡介之所以誕生，是因為她希望能強化活動的個人化設計，並以文獻充足的學術框架為基礎，幫助活動設計師理解其受眾的行為偏好。

這些框架能夠幫助我們了解社會、解釋、學習與領導方面的偏好。它們演變為六種體驗簡介，並確實能幫助主辦單位舉辦更具包容性的活動，促使他們討論該怎麼調整內容，以求符合各活動的獨特受眾結構。

比起知識，故事更好記

過去已有許多書籍，討論過說故事的威力。事實上，我們就是透過這個主要方式，傳遞了好幾代的口述歷史。人類喜愛好故事，而且比起原則，故事真的好記很多。

我有許多演講人和牧師朋友都對這個真相感到頭痛。我們花了一大堆時間，想出酷到爆的方法和理論，但當大家散場的時候，很可能只記得一、兩個概念以及一些故事。

這讓我想起我剛從神學院畢業後的其中一次布道。那時，我畫了一個很酷的三乘三矩陣，上頭列出所有布道的原則，並想要分享給信眾。

我把它印出來分發給大家，這樣我在布道的時候他們就可以對照。事後他們的評語大概是這樣：「牧師，這很有趣，但你講的東西我完全記不得。」我在聖職考試也是這樣布道的，結果委員會問我說：「你真的這樣跟信眾布道？」他們覺得這在學術上挺有趣的，但對大家沒什麼幫助——我必須增加故事，減少理論。多數演講人也一樣，但還是取決於他們的主題。

譚森・韋伯斯特（Tamsen Webster）的工作，是訓練演講人、讓他們在TEDx演講時成為說故事大師。她鼓勵我們將受眾變成故事主角，藉此邀請他們進入故事。

在訓練中，演講人一開始要介紹主角面臨的挑戰與威脅（對手）。先讓主角享受一些成功，但接下來就要讓他嘗到更多失敗、體會更深的痛苦。就在此時，大師登臺亮相，並指出一條新的救贖之道。這位「大師」也可能是獨特的解決之道或方法。人們很習慣這套說故事的方法，而且假如你把他們寫進劇情裡，他們就會有身歷其境的感覺。

為了實踐這個概念，Heroic Public Speaking的執行長麥可・波特，建議大家採用哲學家亞里斯多德（Aristotle）的三幕架構[2]來塑造它。大多數的戲劇、電影、電視影集，以及幾乎所有故事和許多笑話，都採用三幕架構。以下是三幕架構的運作方式：

第一幕是背景：設定地點、時間和環境。

它揭曉你必須知道的事情，這樣你才知道接下來會發生什麼事。假如這段解說太長或扯太遠，聽眾很可能會放棄看下去。另一方面，假如你的細節沒講夠，聽眾就會看不懂第二幕，並同樣放棄觀賞。你提供的細節，必須剛好足夠讓聽眾理解接下來的故事。

第二幕是衝突：發生煽動性事件，進而產生衝突。

一般來說，發生衝突之後，就會有人採取行動。這個行動會引發另一個衝突，這個衝突通常又會產生更多行動。基本上，故事會一直透過衝突和行動來醞釀緊張情緒，一切都是為了第三幕的高潮。

在精彩的故事中，主角的使命是獲得他想要的東西，但他會受到各種界線、障礙的阻撓，通常還會有個對手擋住他的勝利之路。主角會不斷試著克服這些障礙，卻不斷失敗。故事越緊張就越精彩。

第三幕是解決之道：故事中的人們，有可能從此過著幸福快樂的日子，也有可能全部死光；如果該故事是一則笑話，那麼第三幕就是最大的笑點。

2 編按：亞里斯多德在其作品《詩學》（*Poetics*）指出：所有戲劇都包括開始、中間、結束，而且有某種比例來分配三者的比重。

解決之道（或後果）必須讓劇情解說與所有衝突都有價值。一般來說，解決之道會是專家或嚮導，他們將指引主角逃生之路，或是跟主角並肩作戰。

請試著利用這個簡單的架構來鋪陳故事。假如你想要更複雜的公式，那就借用布萊克・史奈德（Blake Snyder）的「救貓」（Save the Cat）吧[3]。布萊克是好萊塢編劇，並研究了所有好萊塢賣座電影的構成要素。

演講人出包，怎麼辦？

我經手過的大多數活動，主辦單位都假設演講人的傳達技巧相當好。當然，如果你都付錢聘請某人來演講了，絕對會希望他是專家。而假如他們是你親自挑選，或從申請表中選出的，你也能給予這些講者建議與指導——但你必須決定，是由你親自指導，還是提供一個能尋求建議的管道就好。

以下是演講人經常需要協助的地方：

- 準備簡報：許多演講新手的簡報太多、簡報上的資訊也太多。請記得這句簡單的格言：過猶不及。

- 臺風：演講人有看著聽眾的眼睛嗎？他們有好好利用講臺和室內所有部分嗎（包括線上聽眾）？他們的動作和手勢是有用意的嗎？
- 臉部表情：許多演講人從來沒看過自己演講時的模樣，有次我應徵教會的聖職，結果落選了，因為委員會覺得我的笑容不夠（但他們是對的）。
- 語調變化：演講人有善用所有音調（高和低）和語氣（大聲或柔和）嗎？他的抑揚頓挫怎麼樣？他們會加快、放慢語速，或只是用同樣的速度講話？
- 內容編排：許多演講人只顧著插入故事，卻沒有遵守「七分鐘法則」。這個法則的意思是，**人的注意力平均是七到八分鐘，所以你每七分鐘就要改變簡報內容**。你可以講個故事、改變簡報媒體、放影片、四處走動，或讓聽眾參與某些活動（口頭上或是身體上）。
- 練習、練習、練習：演講人講越多次，就能在首次公開演講之前練習和改進越多次。麥可．波特會讓學生在首次演講前，先向幾位友善的聽眾做簡報。找一位教練，或至少找個很懂的好友來聽講，才是明智之舉。麥可．史特爾茲納在專題演講前，至少會練習十幾次。

3 編按：布萊克的理論請參見其同名著作《先讓英雄救貓咪》（*Save the Cat!*）。

而我在正式上場之前，一定至少練習五次。我想要游刃有餘，而不是過度依賴簡報。

此外，我要跟你分享一些錯誤示範，請盡量避免它們：

- 當我還是實習牧師時，有一次做禮拜，有人請我朗讀一些東西。我照例練習了五次。雖然**我念得一字不差，但是念錯篇了**。結果聽眾一頭霧水，讓我超尷尬的！
- 麥可・波特證實了另一個真相：「**練習會成為習慣。**」你的練習方式超級重要。麥可在他的著作《獨領風騷》中描述了各種練習說話的方式。最基本的概念，就是**從最難的部分開始練習**，並排練到你有信心為止。接著再練習第二難的段落，依此類推。練完之後，再把順序反過來繼續練習，直到你練熟整份講稿。
- 另一個真實告白：我在大學上演講課時，教授要求我們講一段說服性演說。我練習了自己的講稿，卻對自己的結論沒有十足的信心。等到正式上場後，我講到結論時便僵住了。我試著重講一次，但腦海變成一片空白。我只好草草收尾、跑回我的座位、暗自發誓我再也不公開演講了。過了三年後我才敢再嘗試，但真希望我當時就知道，我的失敗原因是「練習不完美」，而不是「口才不好」。
- 了解聽眾：演講人如果每場活動都講一樣的東西，通常就會失敗（我在前文中提過一位像這樣的演講人）。**適應力是不可或缺的**。超人氣專題演講人喬恩・阿卡夫（Jon

Acuff），每次演講前都會盡量蒐集內幕情報。他喜歡事先會見那些領導人，這樣他就可以先聽到故事，再根據聽眾需求改編這些故事。

根據你是否想對內容保有控制，可能得審視每一份講稿，甚至還要請對方排練給你看（錄影也可以）。而你排練和準備越多次，就有越多方法可以強化這段體驗。只是要記得，**假如你的演講人沒有收錢，就必須小心自己對他們要求太多，否則他們可能會說你壞話，然後再也不來了**。

三段歷程合而為一：知識、情緒、方法

若想將內容的所有方面整合在一起，就必須知道，精彩的活動是由三段歷程組成的。

內容歷程指的是一個人必須攀登的智識與技能之路，以獲取想要的新知、典範或技能。

情緒歷程指的是參加者所踏上的英雄之旅，以達成他的目標。

最後，**傳遞歷程**指的是演講人、贊助商和主辦單位為了傳遞體驗所做的事情。其中包括節目主持人、節目製作、職員和志工等要角。

只要這三段歷程交織成完美的一體（像一條辮子麵包），你的賓客散場時就會堅信自己

已經獲得新社群、新觀點、更新過的目標感。不過，只要**搞砸其中一段歷程，參加者雖然還是有不錯的體驗，但應該就不精彩了**。假如你只有一段歷程是成功的，很可能會收到一大堆抱怨。更糟的是，你也將看不到渴望的人心轉變。

本章探討了第一段和第三段歷程。情緒歷程會留到第十一章再探討。本書的目標就是希望能整合它們，但請記得，比起科學這更像是藝術。

沒錯，你可以用機器或食譜做麵包，但手工麵包更加美味與難忘。你的活動也一樣。

辦活動的技術

試問：你有多麼刻意幫助演講人，創造專為聽眾量身訂做的內容？

練習：

1. 請從以下領域中挑選一個來探討：
   - 了解你的虛擬顧客。
   - 得知顧客的興趣和需求。
   - 定義你的內容風格。
   - 描述你理想中的演講體驗（該怎麼讓聽眾開心？）。
2. 花十到十五分鐘，先審視一下你該怎麼做到這件事。
3. 跟你的團隊，以及所有關鍵的利害關係人討論你的想法。他們想要改善或改變什麼事？哪些事情令他們很困惑？
4. 現在請決定該怎麼在活動中實行這些構想。必須什麼時候開始做？誰要負責？

第七章
人們為何願意（付錢）親臨現場？

我永遠不會忘記一九八八年夏天的蘇格蘭之旅。

彼時我參加了唱詩旅行團，足跡橫跨歐洲和英國。旅行將近尾聲的時候，我們造訪了蘇格蘭一處偏遠地帶。在前往一處村莊的路上，車子爆胎了。於是我們留下來修輪胎，就此跟遊覽車暫時分別。沒問題，我們只要問路就好……才怪，問題可大了。

首先你要知道，那次我的旅伴之一是艾德溫．霍拉茲博士（Dr. Edwin Hollatz），一位傳播學教授，口音就如修辭學家一般厚重，而且笑聲很低沉。他做過一件滿討厭的事情——教大家藉由說出「How now brown cow」這四個單字，藉此用上整個音域，你的腦海有畫面了嗎？

回到故事吧。後來我們停下來跟一位牧羊人問路，對方完全懂我們的意思，卻用我們聽不懂的方言回答。他口音很重，加上霍拉茲試圖代表眾人前去溝通，結果情況並沒有好轉。我們完全聽不懂對方說什麼，感覺就像笨蛋一樣。試了三次之後，我們不想再問了，所以就假裝自己聽懂了，並照著他指的方向走。結果，我們又遇到一位學童，他用字正腔圓的英語回答我們，才終於讓大夥找到目的地。

我記得那種非常無助的感覺。我以為那位牧羊人說的是英語，但最近重講這個故事時才有人告訴我，對方講的應該是蘇格蘭語——兩者根本是不同的語言。這故事我已經講了幾十年，卻一直帶著誤解，就算現在已真相大白，我還是覺得很尷尬。

活動就是這樣。你會清楚記得事情給你的感受，以及誰跟你在一起。**人們或許無法正確記得所有事實，但相關人士和情緒，都會在腦中留下永久烙印。**

在本章中，我想探討「為什麼人際關係對活動這麼重要」。前文已談過人員和講者等主題，現在讓我們把重點放在「與參加者建立聯繫」。

問卷，在活動前六十天再發

人們願意花錢親臨現場、參加活動，通常是想要學習和產生重要的聯繫。

這些聯繫，可能是為了要得到新的事業前景、新的雇員，或新的職位。他們也可能在尋找商業專家、導師，或新的交友圈。有些人是來跟既有的朋友加深關係的，因為他們每年只見一、兩次面；還有些人是因為，他們在社群支持下的學習效果最好。

此時，你必須知道顧客的願望，以及該怎麼滿足它們。**最好的方法就是直接問。我們一般會在活動前兩個月舉行問卷調查，以了解受眾的學習和交際目標。**根據你的銷售週期，你可以在他們買票之後就馬上問，但假如距離活動開幕還有三個月以上，他們對於某些問題的答案可能沒有意義。最好等到活動前六十天內再問——此時人們大致會開始擬定計畫。

小提示：如果在顧客買票後立刻發問卷調查的話，回覆率會最高。但若發問卷的時間距離活動越近，有意義的回覆就越多。

大家都想與人交流，但風格大不同

問卷能揭曉的事情就這麼多而已，因為並非所有人對於交流的想法都符合你的理解。我的建議是，打電話給至少五到十位顧客，並且要去認識幾位超級聯繫人。請務必找到幾位內向或害羞的人，才能得知他們的觀點。最後，假如你的受眾中有外國人，記得跟他們聊聊。例如歐洲人對社交的態度，就跟美國人截然不同。

以下是能協助你定義交際形式的三組問題：

1. 你比較喜歡的交流方式是？

當然，大多數人都不知道該怎麼回答這個問題，所以你要為了他們將問題拆得更細：

- 你的個性更喜歡交流，還是內向拘謹？
- 你從哪裡來的？
- 你比較偏好一、兩次深度對話，或是在交流活動中認識許多有趣的人？
- 你比較可能成為「靈魂人物」，或是某人「一見如故的好友」？
- 你在一場活動中需要交到多少新朋友，才會感到滿足？

將這些答案加總起來，就能知道自己適合舉辦哪一類型的交流活動。

2. 你偏好在哪些地方聊天？

有些人從飛機一落地就開始交流，也有些人需要一個確定的地點和時間。對某些人來說，派對應該要安靜、有些人則希望派對越熱鬧越好、有很多酒更好。有些參加者會希望你給他們一些遊戲或活動架構，例如「快速交流」（speed networking）；有些人只想知道行程表中有哪些時間空檔，可以用來結識別人。

小提示：假如你能讓受眾在活動之前就開始交流，等到活動開幕時，他們就會感覺像和朋友一起參加一樣。

Campfire 社群的梅根．蓋洛威（Megan Galloway）就做得很漂亮。她利用 Zoom 舉辦聚會，讓大家能夠在四十五分鐘內結交十幾位新朋友，同時產生既有意義又有幫助的對話。

請在你的場地中安排空間，讓大家能夠輕鬆坐下來對話。這些空間可以安排在走廊內、場外、甚至是展覽區。而且千萬別忽視大家待最久的空間：演講廳。我去過許多場活動，大家早早進到室內，然後立刻拿出手機滑。主持人不妨**讓節目提早五到十分鐘開始，讓聽眾有機會接觸彼此。**

3. 你結識他人的目標是什麼？

前文提過，大家交流時有著不同的目標。有些是為了聊得愉快或玩得開心，另一些則抱持具體的事業目標。你的活動設計應該要考慮到這件事。

以下是一些問題，以幫你定義各目標的相對重要性：

請以一到五分來表示以下目標的重要性（一分是不重要，五分是非常重要）：

- 蒐集線索。
- 結交新朋友。
- 尋求專家協助。
- 找到新工作。
- 招募員工。
- 談論特定主題。
- 找到興趣、產業或工作類型相同的同儕。

要是不讓客人現場聊聊，和線上收看有何區別？

新冠肺炎疫情爆發前，我參加過一場活動，節目從早上八點不斷排到中午，午餐時間一小時，然後節目又從下午一點半不斷排到晚上六點。

內容還不錯，而且現場有許多很棒的、我想認識的人，但節目排這麼緊，根本沒有交際的機會——看來，節目表假設大家都只是來聽演講的。

可能主辦單位認為：聽眾只是來學習，並不在乎能否在這裡認識別人。但我懷疑他們忽略了一件對聽眾來說很重要的事：**大多數的節目或演講，其實都可以在線上收看就好**。

上述這個例子很極端，所以我再舉一個：

我參加過另一場活動，他們在節目之間留了三十分鐘來轉場，因為會場很大，還需要時間掃描證件。這段時間照理來說很適合交際，但排隊的時候，大多數人都忙著滑手機。我發現，當大家因為活動後勤因素而被迫採取行動時，幾乎不可能有交流。這種感覺就像被趕來趕去的牲畜，沒人鼓勵我們去認識身旁這些很棒的人。

思考看看，你該怎麼做，才能讓你的活動不犯這種錯？

我也曾看過，有活動在派對中加入言語交際的部分，然後以為這樣就能讓大家開始交流。對一小部分受眾來說，這只是個他們需要的藉口而已——那些外向的人根本不需要別人允許，就會找機會跟大家交談，但我敢說五〇%以上的受眾會覺得這樣很不舒服。

如果你的受眾喜歡安靜的交際空間，那你就要好好安排。震耳欲聾的舞曲會讓人難以交談，但假如他們想要放開矜持、開啟對話，那就盡情唱跳吧！

如果你發現大家很想認識他們的同業，那就想辦法幫助他們。我們稱之為「桌邊談話」（Table Talks）。也有人稱之為「鳥聚」（Birds of a Feather）或「圓桌」（Round Tables）。目標是設法**讓大家按照共同的話題、興趣或產業聚在一起**。

先前我打電話給兩位朋友，他們告訴我，假如我們沒有安排桌位給宗教領域的行銷人員，他們可能永遠不會有機會認識。我也認識幾位教育家，他們替大專院校、研究所的教授舉辦一場晚餐會，結果有超過四十人參加。還有一位超級聯繫人，發現有超過五十位參與者來自澳洲，於是他就舉辦了「下半部」（Down Under，暗指南半球的紐澳）聚會。

你必須研究受眾，並設法舉辦這些類型的聚會。

六種促進交流的方式

有許多方法可以在活動中促進交流。以下只是其中幾個：

1. **善用應用程式**：你不必花幾萬美元設計手機App。我們曾用臉書的社團促進交流，效果極佳，但你要先知道受眾是否有在用這個App。許多第三方App都有交流功能。

2. **活動前三十到六十天就開跑**：你越鼓勵大家在活動前認識彼此，他們到場時就越可能感到自在與自信。

3. **催化你的超級聯繫人**：麥爾坎・葛拉威爾（Malcolm Gladwell）指出聯繫人是「引爆點」（Tipping Point）時刻的三大原動力之一。根據你的受眾組成，你大概有五%到二〇%的受眾認為自己是聯繫人——也就是喜歡介紹大家認識彼此的人。請找出這些人是誰，然後啟動他們。

4. **遊戲會有幫助**：雖然有些人覺得遊戲很蠢、浪費時間，但還是有很多人覺得這種認識別人的方法比較沒威脅性。無論是賓果、大型疊疊樂、丟沙包比賽，或活絡氣氛的小團康，都可以幫助害羞的人加入對話，而不會不好意思打招呼。

5. **遣辭用句很重要**：當你的受眾聽到「言語交際」這四個字，他們會怎麼反應？假如這讓他們聯想到硬塞名片的業務，那你可能就要選用「聯繫」之類的字眼。不管你用什麼字眼，整場活動都必須策略性的實踐它。我們發現「休息時間」以及「交流廣場」（Networking Plaza）等字眼，能鼓勵大家為了這些理由而使用特定的時間和空間。如此一來，主辦方等於暗中允許賓客互動，並且讓他們知道，我們很重視這回事。

6. 搬救兵：不妨僱用一位交流大使。在我辦活動的第一年，麥克·布魯尼接洽了我們，他想擔任我們的大使。我們很喜歡這個點子，後來我們每年都會組一個大使團，他們的目標是在整場活動中，協助做出策略性的介紹。

三個必須避免的閒聊陷阱

1. 黏人精

我們都見過這種人，或我們曾經就是這樣子。

有時當不擅社交的人找到一位友善的人，頓時覺得自己受到歡迎，結果就把對方當成自己一見如故的最好朋友。若要幫助黏人精，最好的方法就是幫他拓展交友圈，這樣他就不會只有一個好友。請讓你的超級聯繫人做好準備，並觀察黏人的跡象，讓他們可以及時救援。

2. 話不投機半句多

這是我交際時最怕碰到的人之一；他們很快就判定我不是他們要的人，並且不到十秒就去找別人了。

討厭之處不在於他們做的決定，而在於他們做這個決定時的輕蔑態度。其中一個最佳補救方法，就是提醒大家，每個人的故事都值得聽聽。你可以透過交際大使、電子郵件溝通，或請他們上講臺發言等方式來樹立模範。

3. 休息室陷阱

演講人很喜歡聚在一起閒聊。你的活動或許是他們難得見面的機會。為了給他們方便，你可以辦一、兩場僅限演講人的特別派對。要不然，我勸你**別設休息室，否則演講人會在裡頭聊一整天**。雖然演講人需要休息室來準備他們的表演，但我們發現更好的做法，是邀請演講人跟自己的聽眾聊天。當然，假如你的演講人超愛擺架子，那就另當別論，但一般來說，你之所以邀請這些演講人，正是因為他們有好料能提供給聽眾。

社群媒體的力量

社群媒體提供了很棒的免費工具，讓你的社群能夠認識彼此。

但我也跟一些活動籌辦人聊過，他們請來的高階主管並不想透過社群媒體在大會現身。你可以透過社群媒體了解你的受眾，但對於大多數活動而言，這些平臺其實提供了更健康的方式，讓來賓能夠認識彼此。

以下是一些額外的祕訣，教你怎麼將社群媒體的力量用在活動上：

1. 使用活動主題標籤

推特（Twitter，現已改名為X）、Instagram、TikTok等平臺，都曉得主題標籤的威力，這也讓你和你的受眾更容易找到其他聊到你活動的人。在推特上，我會鼓勵大家將主題標籤加進他們的帳戶名或個人簡介中，這樣其他在看的人就會找到他們。

2. 找出你的受眾上網時會把時間花在哪裡

假如你的受眾只把時間花在領英，那你在臉書建立社團就沒什麼意義。也許最終你還是得付出不少努力，才能讓他們看到你的貼文，但至少你得先知道自己在正確的平臺上。

3. 招募社群媒體聯繫人

我發現我僱用的活動後勤人員中，許多人都不喜歡使用社群媒體。請在你的社群中，找到一些喜歡透過社群媒體與別人聯繫的人。請他們幫忙，建立他們會想加入的那種社群。

4. 擬定參與度策略

社群媒體行銷人員會擬定傳播計畫，讓大家持續參與內容。這對活動社群而言至關重要。小建議、參與度問卷、視訊（或音訊）實況節目、甚至線上會議風格的活動，只要結合在一起，就可能創造良機讓大家認識彼此。

5. 提供聯繫演講人的方式

大多數演講人都很樂意聯繫你的受眾。不妨列出一份演講人的推特清單，或者做個網頁來分享他們的帳號連結。

6. 在社群媒體上舉辦活動前培訓

我會利用直播工具（例如 Streamyard、Wave、eCamm），在臉書社團舉辦寶貴的新進來賓培訓，這樣一來，我們就能分享精彩的內容，參加者也能透過聊天室來邂逅彼此。

7. 大膽實驗

若想找出受眾的共鳴方式，唯一的方法就是嘗試各種事物。你不可能讓你所有受眾都加入同一個線上社群。**只要能讓其中五〇%加入，那就算成功了。**

辦活動的技術

活動上產生的重大聯繫，往往會是其中最難忘的部分之一。

在重述故事的時候，大家通常都會記得「他們跟誰一起做某事」，甚至比「他們做了或學了什麼事情」還清楚。

建立文化讓大家更容易認識彼此，或許就是你的重大成功因素之一。若你能按照本章的幾個建議去做，你就能使活動從平凡邁向非凡，並讓它很難忘。

試問：你的活動有表明你很重視交際嗎？圈外人怎麼得知呢？

練習：安排時間，打電話給自認是超級聯繫人的人，以及內向害羞的人，弄懂這兩種人的動機是什麼、找出他們害怕的事物、請教他們在活動中可以做什麼事情。並幫助聯繫人發揮長處、做出更多聯繫，看看他們是否願意幫忙你。

第八章
如果不能獲利，怎麼說服老闆願意？

我永遠忘不了「顧客服務革命大會」（Customer Service Revolution，迪朱利葉斯集團〔DiJulius Group〕在俄亥俄州克里夫蘭市舉辦的活動）的接待方式。

「歡迎您，默尚先生。我們一直在期盼您的蒞臨。卡里薩（Carisa）會陪您走到保留席，我們將您的座位安排在正前方，這樣您的視線就不會有死角，希望您別介意。如果需要任何東西，請不吝開口。」

我決定測試他們一下，於是我跟他們要了鏡片清潔劑——他們有。然後我再跟他們要一種特殊的茶，結果他們找到類似的茶，幾分鐘內送到我手中，連這個也有！

職員如此注意我的需求，令我印象深刻。他們不停對我噓寒問暖，但我從來不覺得自己被打擾。我覺得自己像VIP，但我觀察後才明白，**他們讓全體七百位賓客都像VIP，他們是怎麼辦到的？**我開始提出一堆疑問，然後學到一個重要課題：

你可以透過一些雖小但具策略性的決策和行動，來培養和影響活動文化。

在本章中，我會分享五個領域，所有活動籌辦人都該認真思考它們，這樣辦出來的活動才會使大家有歸屬感，並且想帶朋友來。但我還是先講個故事吧……。

當欣賞音樂劇《紐約高地》時，我發現自己的情感逐漸跟劇情聯繫起來。

在演到結局時，我為「祖母」（Abuela）的損失感到悲痛、為巴尼（Benny）向妮娜（Nina）示愛而喝采。妮娜沒拿到史丹佛大學的獎學金，卻不敢向家人承認自己的失敗，也令我感到同情。尤斯納維（Usnavi）想帶著樂透獎金回到多明尼加、逃離華盛頓高地（Washington Heights，位於紐約）的生活挑戰，我也切實感受到他的焦慮。但當他選擇留下，並將獎金捐給社區的時候，我好想站起來歡呼，跟演員一起跳舞（其實我真的差點大聲叫出來，還好我忍住了，不然會很丟臉）！

你可能沒看過這齣得獎的音樂劇，但從我的劇情大綱，你就可以看出許多令人感同身受的故事。每個故事都吸引著觀眾，彷彿我們就是這個社區的一員。我算了一下，總共有十四個令我感同身受的情境，直到隔天早上都歷歷在目。這些故事累積起來的效果，使我在其中看見自己，並且找到超越娛樂的意義。

我為什麼要分享這件事？這本書又不是在評論音樂劇！因為這個故事說明了文化當中最重要的重點：**文化就是人們聯繫的方式，而這種聯繫是藉由共同故事所產生與強化的**。雖然我們無法創造我們想要的文化，但我們可以影響它。

Pardot 公司的共同創辦人大衛．卡明斯（David Cummings）曾說：「**企業文化，是唯一可持續且完全由業主掌控的競爭優勢。**」同理，我也認為活動籌辦人勝過產業內其他活動的競爭優勢，便是基於他所創造的文化。

從以往紀錄看來，沒有兩場活動的文化是一樣的。就算兩場活動按照以下準則想出同樣的解決之道（但這不太可能），他們實行解決之道的方式仍是獨一無二的。

把文化放在心上，同時獲利

「文化，是一種留住適合的人，並同時排除不適合的人的方式。」——愛德華．史坦（Edward Stein）

你可能想知道，該怎麼說服執行長或財務長，專注於活動文化可以賺大錢？那我問你一些問題：

- 你是否參加過一場讓你有不好體驗的活動，並當場決定再也不來了？更有甚者，你是否告訴朋友別參加這場活動？**這麼做會讓主辦單位付出多少代價？**
- 你是否參加過一場活動，本來某個狀況可能會變得很糟糕，但現場的職員將這次體驗轉變成美好的回憶，讓你樂意告訴別人？這個故事你講了多少次？這次體驗的投資報酬率是多少？

這兩種經驗，我都有。而我的反應真的影響到這些活動的損益。假如有許多賓客跟我有類似的經驗，那麼累積起來的影響力，就財務而言是相當大的。

還是不信嗎？

我永遠忘不了自己參加了活動A[1]。當我抵達會場的時候，隊伍大排長龍，大廳一團混亂，報到櫃臺的人員似乎無力招架。終於輪到我的時候，他們的態度就好像問題出在我身上一樣。報到之後，我不曉得該去哪裡或該做什麼，根本沒人有空回答問題。

當我跟大會中心的員工問路，他只是隨手一指，意思好像是只有笨蛋才會在這棟大樓迷路。我感到迷失、被人拋棄，心情非常沮喪。我決定再也不參加這場活動，並且開始勸朋友也別去。

而當我參加活動B時，也有很糟糕的報到經驗。職員一副不想工作的樣子，但我很快就見到活動總監，他私下帶我去逛逛、將我介紹給幾位大咖，而且我離開大廳之前，他還請了我一杯飲料。我到現在仍然會吹噓這場活動有多棒。

你的執行長面對的問題是：**免費且正面的公關對我們的活動有什麼價值？或者，負面公關會讓我們的活動付出什麼代價？**文化會驅動受眾的體驗，它能夠創造出讓大家忽略小問題，並專注於機會的環境。

五個策略，創造你的社群會喜愛的文化

當兩個以上的人形成持續的關係、一起做事，文化就會浮現。一般來說，除非團體超過十個人，否則我們不會稱之為文化，但無論社群大小，都存在這種動態。例如我認識幾位在

1 作者按：我偶爾會選擇不講出活動名稱，以避免主辦方或企業感到被冒犯。

巴布亞紐幾內亞長大的教會小孩，他們自創了某種語言，只用來跟兄弟姊妹溝通。同理，在公司裡你會發現，不同的部門在工作與人際關係方面，都有著獨一無二的次文化。

麻省理工史隆管理學院的榮譽教授埃德加・席恩（Edgar Schein），將文化定義為：「一個團體所學到的一種模式，由共同的基本假設所組成，它解決了外部適應和內部融合方面的問題……它是共同學習下的產物。」

另一個定義來自文化智庫（The Culture Think Tank）創辦人兼文化長德莉絲・西蒙斯（Delise Simmons）：「**文化就是一個團隊、團體或組織中所有行為的集合。**」

如果文化是由人們與他們的共同行為所組成，那麼就有三種人對活動的影響最大：員工、領導者、演講人。

一、從你的團隊著手改變：你有注意到福來雞的職員跟其他速食店的差別嗎？並不是年齡。這一行幾乎所有服務生都是青少年或大學生。差別在於福來雞的服務生很友善。有時他們一直說「這是我的榮幸」，反而讓場面變得很搞笑。

一位福來雞的主管級訓練師向我透露，他們對所有新員工都有非常具體的訓練指南。雖然他們會篩掉個性不友善的人，但其他技能都是刻意訓練出來的。

我們也可以在活動中這麼做。那麼我們該怎麼做？

• 大家會追隨領導者，而非政策

所有人都會觀察領導者的言行。如果領導者獎賞某種作法，你就會看到更多這類行為。如果領導者忽視或容忍某些惡習，你也會看到更多類似情形；如果領導者懲罰某些壞事，這些情況便會成為歷史；如果領導者沒有實踐聲稱的價值，你會發現，其他人也會跟著忽視這些價值。

因此，領導者的第一個職責就是**定義價值**；第二個職責是**貫徹這些價值**；最後一個職責是**捍衛這些價值**。

前陣子我走進我家附近的星巴克，並認識了新的店長，很快就感覺到這支團隊的文化比原先更加專注、即時、友善。前任店長要管理三間店面，無法專注在這間店，所以文化稍微有點落差。

我問現任店長，為什麼全國各地的星巴克店面帶給我的體驗如此多樣化？我估計自己應該去過至少五十間、甚至一百間。有些店面感覺就像影集《歡樂酒店》（*Cheers*）中的酒吧，你一進門所有人就會大聲跟你打招呼；或者像是快樂的義大利大家庭，跟大家搭訕閒聊並讓他們歡笑。但有些店面就非常平凡、容易被遺忘。

她說了一句深刻的話：「領導者會建立文化。**大家會追隨領導者，而不是追隨政策**。」

・尊重員工，他們就會尊重客人

傑林（Jeryn）在管理星巴克店面之前，曾是一位急診室護理師。她哀嘆說，有許多醫療機構都失去了以顧客為中心的焦點。醫學的重點是幫助人們康復，可是當職員開始認為病人打擾他們的工作，其文化的醫病關係就會惡化成敵對的關係。

我認為，病人如果不相信他們的醫療提供者有為他們著想，就會開始抱怨、挑剔、變得易怒。反過來說，假如病人受到尊重和同情、覺得自己有尊嚴，那麼他們就會信任醫護人員，並主動參與康復的過程。

不覺得後者的情境更可能促進健康與康復嗎？

請將這個道理套在你的活動。你的現場職員是否認為來賓和講者值得他們盡力服務？或者他們覺得很惱怒，因為賓客妨礙他們的工作？說到職員的行動，領導者最重視什麼？

你可以在內心問同樣的問題。我們每年都會招募一百位志工來幫忙辦活動。這些人通常都非常幹練，有許多人還經營自己的事業。效率和個人化是他們的家常便飯。

如果我們僅僅把他們當成只需做好分內工作的小卒，他們就只會付出最小的努力、甚至蹺班。反過來說，假如我們感激並尊重他們，我們就會得到超乎想像的服務。我們的活動將會變得更好。

例如瑟琳娜（Serena），她擔任我們的活動志工至少有四年了。她住在澳洲，二〇二二年時無法出國，有好幾個月都在哀嘆自己不能來參加活動。我們知道她有高超的顧客服務技能，於是邀請她加入我們的線上社群管理團隊。

結果她發現，我們有機會讓直播節目變得更加精彩。她希望盡可能在活動中為自己找到更多價值，於是提議要領導我們的直播主持團隊。她想確保直播對她來說足夠精彩，並會努力讓其他所有參加者也覺得如此。這種忠誠度可不是一朝一夕造成的。

我從來不會請求或期待新來的志工做這麼慷慨的事情，但經過幾年的夥伴關係和互相鼓勵後，如今的瑟琳娜，每次都必定會來參加我們的活動。

●為了志工，請讓事情簡單、好記

我們活動志工的水準之高，令我印象深刻。其中有些是百萬富翁慈善家，喜歡幫助別人；有些是非營利事業的高階主管；還有一位資歷最深的終身志工，是全國演講家協會（National Speakers Association，簡稱NSA）的名人堂演講人，他喜歡來當我們的活動志工，因為這裡沒什麼人認得他。

但**無論這些人有多麼聰明或熟練，他們對活動的了解都跟你不一樣**。事實上，他們可能直到現身之前都沒思考過你的活動，所以請務必讓事情簡單一點。如果你希望他們推廣文化，請專注於最能影響文化的行為。

我們發現迪朱利葉斯集團的「絕對不要／一定要」（Never/Always）是個很強力的工具，能決定你想避免及想凸顯的行為（見下表8-1）。

表8-1列舉了他們聚焦的十組行為。你可能會想替換其中幾組，或在心中將它們改編成對你有意義的語言，但無論你是誰，這麼做都能輕易掌握你重視的事物。

- **希望部屬笑，你要先笑**

人們會觀察你的行為，遠遠多過聽你說的話。比方說，假如你訓練團隊要「用友善的微笑接待每個人」，但**你自己從來不笑，而且總是在躲奧客，那就等於向團隊傳遞一個訊息：你不是真心的。**

有一年，我想出一個簡單的口訣，教我

表8-1　活動現場「絕對不要」vs.「一定要」的行為

絕對不要	一定要
用手指路	告訴他們怎麼走
說「我不知道」	想辦法說「好」
朝眾人擺臭臉	喜怒不形於色
裝作沒看見問題	停下來參與並解決問題
找藉口	就算不是你的錯，也要承擔下來
講八卦或抱怨	記住大家一直在看著你
透過電子郵件傳遞壞消息	搞定事情
聽天由命	做好準備
以冷漠語氣轉接電話	以溫暖語氣轉接電話

（感謝：與迪朱利葉斯集團合作時產生的靈感。）

們的職員怎麼接待和服務參加者。這個口訣用一隻手來幫助職員記憶（見左圖）。訊息很簡單：溫暖的迎接大家、帶他們去想去的地方、持續邀請大家深入對話、找出對他們而言最重要的事，並設法讓他們聯繫其他參加者。

這樣是很簡單易懂沒錯，但沒想到，我雖然很擅長想口訣，卻不擅長微笑。大會期間，會計師朝我走來，用手比出微笑的樣子說道：「菲爾，你要笑啊！」

我被逮個正著。當然，我可以找藉口說自己為什麼笑不出來，但這不重要。就算我的嘴巴沒有笑得很燦爛，眼神也可以用來微笑。但我卻因為工作而分心，結果只要求別人要笑，自己根本沒有以身作則。

還有些後果可能難以察覺。假如你的領導者長時間不在崗位上，這會傳達什麼訊息？

講個真實故事。在活動草創期時，我堅信每日午睡有益健康，而且身體力行（至今我還是相信午睡，但實踐的方式有所不同）。午睡的好處有一大堆研究可以證實。而且老實說，我在辦活動時，每晚通常只睡三到四小時，所以一定要午睡。但經過一次大會後，我才明白自己在大會期間不能午睡，即使只睡二十分鐘也不行。

以下就是無意間發生的事情。

我鼓勵大家都要好好照顧自己，如果要午睡就去睡。在活動最忙的那一天，我騰出二十分鐘來休息。而如果把我在草創期的午睡也算在內，這回事已默默成了活動的一部分，以至於團隊在儲藏室放了一組睡袋和枕頭，並且寫了標示「菲爾的睡袋」。這看起來有夠尷尬，因為我是當天唯一有午睡的人。

但我們有個承包商就太超過了。他們在活動途中消失了兩個小時。我質問他們的時候，他們承認自己回旅館睡午覺。我無法接受他們消失兩小時，但我不能全怪他們——**他們不知道我只睡二十分鐘，而且從來沒有離開會場**。他們是這樣想的：「**菲爾可以午睡的話，我也可以**。況且他告訴我要好好照顧自己。」

我無意間培養出了一種，讓大家覺得我既疲勞又會消失的文化，甚至也允許職員為所欲為。我的核心團隊知道我工作很辛苦，但其他人覺得我既冷漠又軟弱。更好笑的是，我還跟團隊宣導重視的正確概念，並希望大家多盡一分力，一起追求服務、卓越與意識。

我很努力工作，但我不知道午睡這個小動作會影響文化。

如今我們已經不午睡了。我可以溜出去幾分鐘休息一下，但不會小題大作，而且當我希望職員和志工做出什麼行為時，都會以身作則。

我們都知道「照我說的話去做，不要管我做什麼」這句話有多麼沒用。小孩都懂的話，職員當然也懂，而這種效應會在文化中（也就是自願加入這個文化的人）逐漸產生不信任感，以及明顯的沮喪之情。

以下有兩種方法可以評估你對文化的影響：

1. 觀察你想創造的文化。你可能已經寫下了價值和聲明，以表達你希望你的文化該怎麼運作。觀察它。請大家誠實回饋：**你跟你的領導階層是否充分展現這些價值？**有沒有任何明顯的不一致？哪些不一致如果不修正的話會造成最大的危害？請先把重點放在它們上面。
2. 請那些了解你的人回答這個問題：「基於我的行為，你覺得對我而言最重要的事情是什麼？」請各式各樣的人來回答這個問題。除了同事、上司和顧客，你也不妨問問你的伴侶及一些好友。

你觀察上述這兩份清單時，如果發現有些地方符合你追求的文化，那就值得慶祝一下。但也要看看有哪些地方可以改進。

- **評估員工去留，看他是否尊重你的文化**

所有事情都從核心團隊起頭，而團隊又追隨領導者，所以你要確保他們展現出你的核心價值。讓我來說明一下這件事為何很重要，並且詳細闡述該怎麼選擇你的價值。

有一回我幫一場活動演講，主辦單位很照顧我，但只到我抵達會場為止。在我報到之後，現場的職員就不理我了，好像我已經無關緊要。我必須弄懂該怎麼照顧我自己的視聽需求，而且在提問的時候，職員顯然覺得我很煩。這真是討厭的經驗，我絕對不希望自己請來的演講人被這樣對待。

或許職員那一天剛好過得很不順，但我認為，這比較像是訓練出了問題，或是沒有找對人來做這份工作。如果你的職員比起顧客服務更重視效率和流程，顧客是會感覺到的。

薩凡納香蕉棒球隊的傑西·科爾就是這方面的大師。他稱之為「球迷至上」。他們做的所有決策都遵照這個原則。

在我第一次到現場看他們的比賽時，發現販賣部有些職員並沒有展現出這個價值。我問了科爾這件事，他對此勃然大怒。他說，因為有很多人請病假，他只好仰賴臨時員工，而他們沒有受過「球迷至上」哲學的訓練。他說他會最優先修正這個問題。

● 請高姿態演講人？再想想

除了職員，對活動文化影響最大的人，就是你的演講人和贊助商。根據你舉辦的活動類型，演講人對於文化的影響力或許是最大的。

想想看，你的來賓是來向專家和同儕學習的。如果演講人高不可攀、甚或一講完就閃人，這樣他們傳達的訊息就是「他們比任何人都優秀」。然而，如果演講人願意回答問題，並且整場活動都在幫助大家，這樣就會形成學習的文化。

當然，需要保全人員護送的擺架子演講人肯定有一席之地，但他就不可能跟人群互動了。我還記得曾在一場大會看小威廉絲演講，但根本沒有接近她的機會。我也記得麥爾坎·葛拉威爾願意在演講後撥出一小時，替書籍簽名和回答問題，但時間一到他就被帶離現場了，這也相當合理。

● 休息室：講者躲群眾的地方

演講人很喜歡休息室，因為他們演講前可以在這裡做準備。這是很寶貴的暖身時刻。但在許多活動中，休息室卻變成演講人躲避群眾的地方，他們只在裡面跟朋友閒聊。

但到底什麼是休息室？根據維基百科（Wikipedia），在表演事業中，休息室是指戲院或類似場地中的某個空間，在表演或節目進行之前、之間和之後，這個空間會被當作沒有上臺演員的等候室和會客室。

如果你的活動想要建立親民的社群，那你可以考慮不要傳統的休息室，改設一處讓演講人做準備的準備室，但別讓它變成可以閒聊的地方。

• 演講人充滿電，才有力娛樂客人

我總喜歡問演講人喜歡喝什麼飲料，這樣在他們上臺之前，我們就能用他們喜歡的熱茶給他們驚喜。前幾年，我們會去社群媒體看看他們說了什麼，並且送他們一件符合興趣的獨特禮物。不過當我們的演講人超過一百人時，這件事就很難辦到了。

假如你好好照顧演講人，他們就會愛上你的活動，然後以卓越態度服務你的群眾。請了解演講人的興趣、確保職員以客為尊，讓他們處理所有活動細節。

大多數的演講人都喜歡跟同儕交流。所以，你可以考慮辦個演講人派對，讓他們有時間交際應酬跟討論新知。

此外，我認識的演講人，大多數都不想只來演講一次，然後沒別的事情可做。他們肯定會自己創造機會，但大多數人還是喜歡主辦單位提供選項。以下是一些做法：

1.安排演講人見面會：不妨安排一個特定的時間和空間，讓演講人可以進行非正式對話或Q&A環節。

2.讓Q&A簡單一點：大多數人都不喜歡在節目中用麥克風公開向演講人提問（而且我認為，這種情況下大多數問題都是不該問的，但我離題了）。請想出一個簡單的方法，讓大家可以在節目結束後立刻提問。其中最簡單的方法，就是邀請演講人在走廊上跟大家聊個一

小時，觀眾和演講人都很喜歡這麼做。事實上，有些演講人還吹噓過他們和來賓聊了多久、有多少人留下來聽！

3. **促成圓桌討論會**：請你的演講人促成跟他們專業有關的對話。注意：要搞清楚，這不是第二次簡報機會或銷售會議。我們曾讓演講人做這兩件事，結果來賓都很失望。

4. **宣傳演講人主持的聚會**：如果情況允許，你可以告知賓客，演講人有舉辦免費聚會。或許可以將這些活動列成清單，但前提是它們得是免費的，而且離你的會場很近。

二、和誰坐？坐多遠？房間要塞幾個人？

「我們會延後靜修，直到找到對的空間。」——霍華．克里夫蘭（Howard Cleveland），活動規畫人

我們越來越可能在有生之年看到太空旅行了。你能想像自己規畫第一場外太空學習活動嗎？雖然SpaceX已經僱用某個傢伙，去替外太空的顧客規畫活動了，但我指的是一般民眾的學習體驗。假如你的活動在外太空舉辦，那會有什麼不一樣？這個問題能有效的催生想法，且值得你跟團隊去深思。

以下是幾個有趣的問題，可以深化這段對話：

- 當大家都戴著耳機時，該怎麼有效溝通？
- 如果有顆彗星干擾你的電子設備，你會怎麼做？
- 該怎麼把外太空當作視覺背景，而不會讓人覺得老套？
- 該要擔心座位布局，還是讓大家自由自在的四處飄浮？
- 當所有食品都是脫水的，要怎麼讓餐點好吃到難忘？
- 雖然整趟旅程令人忘不了，但你要怎麼使它轉變人心，而不只是一段精彩的故事？

這些問題應該會使你閃現靈感，考慮一些重要的構想，讓你下一場在地球上的活動更有影響力。說到地球，我們使用實體空間的方式，對活動中浮現的文化會有劇烈的影響。我發現許多活動專家，都沒有認真思考他們想創造的氣氛和感受。

說到實體空間，有幾個考量會影響你的活動文化——其中有些是你能控制的，但有些你只能去適應，例如**鄰近程度，也就是人們靠近彼此的程度**，對學習、舒適、安全感來說，都有劇烈的心理影響。此外還有其他因素。

空間布局會下意識影響人的感受。正方形的座位安排感覺更正式，增加曲度的話，感覺就會較不正式、但更包容。讓大家坐成好幾個小圈圈，就會立即傳達某種訊息，讓大家主動參與討論，而不是被動觀看和聆聽。

你在美學上所做的平凡選擇，也可能會大幅影響你的文化。關於顏色、光線、香味、家具的選擇都會累積，形成氣氛；這種氣氛可能有助於你追求的文化，或是與它作對。

當我舉辦「社群媒體行銷世界」大會時，就學會怎麼做出刻意的選擇，以反映我們所追求的文化——有趣、熱情洋溢、活力十足、聚焦於聯繫。

我們的第一招，就是在大家報到的時候，將熱帶香氣散發到空氣中。這招雖然微不足道，但我們希望大家在長途旅行後能感到放鬆和振作。

我們盡可能使用活生生的植物，而非人工植物，因為我們希望空氣既新鮮又有活力。並採用鮮豔的海灘風格顏色，維持現場活力，但也保留了足夠的專業元素，這樣大家才知道這裡是可以認真談生意的。

有一年，我們說服一間旅館煮了好幾桶咖啡，等到大家前來交際時，就在門邊放置工業用電扇，把咖啡香氣吹給大家聞。我們希望大家在咖啡附近逗留，跟別人深入對話，並且花時間與我們的贊助商和演講人交談。我很難知道這招有沒有用，但**星巴克讓整間店面充滿咖啡香，絕對是有道理的**。

光是從挑對建築物來支持你的事業目標和所追求的文化，我就可以寫一整章來說明，但有時，地點比挑對建築物更重要。只要建築物可以替換，在任何地方都可以創造精彩的體驗——**體驗的重點，終究在於大家一起做事情，並產生非凡的結果。**

了解空間行為學：被人輕忽的活動層面

空間行為學，指的是研究人們如何使用空間，以及這樣對於溝通、行為和社會互動的影響。愛德華．霍爾（Edward Hall）是空間行為學研究的創始人，他說過：「空間行為學是一系列互相關聯的觀察和理論，探討人類如何利用空間來產生專門且精細的文化。」

霍爾觀察了人們的四種參與方式，這些都與人們在大會中的聚集與學習方式直接相關：

- **親密**：與其他一到三人密切對話。
- **個人**：親近的朋友和家人，一般來說不超過十到十二人。
- **社交距離**：十到四十人的聚會，主要是熟人。
- **公開**：四十人以上的聚會。你還可以再將它細分成小型、中型、大型、超大型聚會。

根據受眾的文化背景（例如拉丁裔、非裔、亞裔、加拿大人等），人們需要的個人空間可能更多或更少。假如你強迫大家坐得很近、讓他們不舒服，大家就不太可能留下來聊天；

相反的，假如你強迫大家坐得太遠，你可能會發現他們寧可獨處。

這時，利用桌子或咖啡桌當作屏障，通常就能幫助大家更自在的相處。

空間行為學的其中一個方面，就是**許多人在小型對話中的學習效果是最好的，所以許多活動都試圖讓兩到三人聚在一起對話**。這可能感覺很硬來，但假如用正確的問題來策略性的引導，這就有可能變成最佳的學習方式，因為大家產生了有意義的對話。

請問問自己這些問題：

- 你的主要受眾是誰？
- 他們偏外向或內向？
- 他們喜歡大團體互動還是小團體互動？
- 他們喜愛交際，還是很怕生？
- 當我看著這群人，他們彼此之間距離是遠是近？

我曾替社群媒體行銷人員主辦大會。雖然行銷人員形形色色，但我認為他們應該都很外向，而且喜歡跟彼此互動。所以當我發現許多行銷人員都很內向，而且寧可狂打電話也不跟陌生人接觸的時候，我感到十分驚訝。

於是，我們決定用一個方法來幫助大家認識彼此，那就是創造較小的空間，讓他們能夠認識興趣相近的人。我們稱之為「桌邊談話」（也有人稱之為圓桌或鳥聚），五到八人聚在一起討論一個主題。其中一人擔任主持人，確保每個人都有機會說話。

鄧巴法則：當人數太多，先分組

社會學家羅賓．鄧巴（Robin Dunbar）提出一個理論：**大多數人都只能跟一百到兩百五十人維持關係，而平均值是一百四十八人**。這意味著在數千人的大型活動中，我們必須藉由人數較少的分組讓參加者感到自在。同理，我們的職員不可能維持數千人之間的關係，但透過分組，我們就能維持每一百到兩百人之間的關係。

當小組的人數越多，人們就越可能閃到一旁、躲進人群裡。如果你將活動分成人數更少的小組、藉此產生來賓所渴望的安全感和舒適感，那會如何呢？

三、想鼓勵什麼文化，就說什麼故事

無論是家庭聚會、同學會，或大型文化活動，社群都會透過他們記得的故事，找到他們的身分。家人們一想到叔叔喝魚缸水的往事就會大笑；成年男子一想起大學時代的老故事和惡作劇，就會突然變成年輕小夥子；搖滾樂迷會重溫他們參加過的所有知名演唱會；國家會記得他們的領導者、戰爭和獨立紀念日。

故事藉由這些途徑，塑造歷史以及我們所使用的語言，但故事也能夠預測並定義行為。我在科氏工業集團工作時，就聽過很多高階主管的傳奇故事，他們會一週工作六十到七十小時，這樣執行長下班時就會看見他們仍在打拚。其他年輕主管受到啟發後，也會開始拚命加班。我也聽過有人在上班時間用公司電腦看A片，結果老闆二話不說就開除他們。相反的，有個故事則是一位交易員賠了一百萬美元，但他沒被開除，因為主管不想浪費這次昂貴的教訓。

觀察這三個例子，就能迅速看出科氏工業想讓員工身處的文化模式：努力工作會受到尊敬，工時越長越好；不要逾越某些道德底線；只要你持續學習，就不必害怕冒險。

活動也會發生同樣的事情。當你在活動後觀察社群媒體，很快就會注意到演講人和參加者所記得的故事。**透過頌揚和重述故事，就有機會影響文化。**

期待種種可能性

在某次大會中，海瑟（Heather）寄了一封信給我，告訴我她只是放開心胸去進行偶然的對話，就在我們的大會中找到未來的客戶。我喜歡在我們的大會中講這些故事。這樣大家就會放開心胸去接受意外的發展。就結果看來，我認為大家都比之前更願意跟任何人、所有人開啟對話。這對活動文化有著深刻的影響，以下是她的信：

「親愛的菲爾，感謝你邀請我擔任第十六屆社群媒體行銷世界大會的志工。那時我冒了一次險，結果它改變了我的生涯路線。你應該記得，我是交際團隊的一員，並得幫助許多人做出有意義的聯繫，但我從來沒想到，我自己就是某人想要的解答。有一天，一位有氣質的牛仔跑來桌邊問我，我有沒有認識哪位社群行銷經理，可以加入他們的遠距團隊。他把他公司的情況告訴我，並保證說，不管是誰接下這份職位，都會脫胎換骨。好吧，他說得對。我說我剛好知道他該面試哪個人——就是我；結果週末我就跟他簽約了。

「九月時，他們整個團隊飛往懷俄明州的傑克遜山谷（Jackson Hole）。那場為期四天的活動，包括團隊訓練、專業培訓、騎馬，以及享用美食。這實在很神奇，假如我沒參加社群媒體行銷世界大會、並敞開心胸接受機緣巧合的時刻，就不會發生這種好事了。我想鼓勵所有參加大會的人：『站出來，不要退卻，然後期待機緣巧合吧！』」

有時候，你也必須管理自己要說的故事。

二〇一九年時，我們的閉幕演講人馬克．薛佛想讓活動有高潮般的結尾。於是我們打造了壯觀的室內煙火秀，並讓大家對著五彩碎紙自拍，造成意想不到的後果——五彩碎紙炮觸發了某些人的PTSD。有些人覺得這聽起來像槍響，而我們沒有提供任何警告。幸好這些人沒有抱怨，但我們絕對學到了一個教訓：要顧及所有聽眾。

還有個關於一位在女生廁所洗澡的流浪漢的小故事。當下真的造成了不少創傷，不過現在這已經成為傳奇過往了，而且也讓我們的職員非常認真的看顧彼此。

我曾短暫加入人生教會（Life Church）的招待團隊。他們非常擅長藉由說故事來強調他們的重點。例如團隊領導者就分享了一個「尼克」（Nick）的故事。

尼克總是嘲笑他的姊姊上教堂。他姊姊知道他很迷《哈利波特》（*Harry Potter*）[2]，所以當我們的教堂決定要用《哈利波特》的主題來裝飾大廳時，姊姊就告訴尼克這件事。他很懷疑《哈利波特》跟教堂有搭嗎？姊姊跟他說，他一定要親眼見識一下。尼克本來是來嘲笑教會的，但離開時他說：「這真怪，不過是好的那種怪。」於是這就成了當天的主題：「要懂得搞怪——好的那種怪。」這個小故事提醒了大家，他們為什麼要做他們正在做的事。

優秀的領導者會設法常說故事，藉此強化文化。

2 編按：英國奇幻小說系列。

小建議：要讓自己很會說故事，這樣才能讓活動更接近你理想中的模樣。

四、只有場地、飲食到位，可不算成功派對

文化人類學家，會研究人們的行為和儀式以了解文化。而我們身為活動方面的人類學家，則想透過策略性的置入活動與儀式，來了解並影響文化。這些活動和儀式會創造出某種文化，有助於我們想要建立的社群。

重點不只在於，我們選擇哪些活動，還有我們怎麼做這些活動。

大多數活動都有交際派對，但我敢說你參加過的某些活動，感覺就像中學舞會，男孩和女孩都站在牆邊，不敢踏出第一步。為什麼有些派對感覺很誘人，有些卻感覺在強迫人？

我參加過的某些活動都是這樣假設的：假如帶大家去一個很酷的場地、提供食物和飲料、稱它為交際派對，大家一定會喜愛它。可惜的是，這就像你打開車庫的門走進去，然後說你自己是一輛車一樣。**人永遠不會變成車子，但派對可以變成建立社群的活動**，前提是大家覺得受到歡迎、有安全感，而且有簡單的方法可以接觸彼此。

專注於威力強大的時刻

人們如果記得你的活動，他們很可能記得的不是節目的所有重點，而是他們見到的人、

他們的感受，以及他們在什麼背景下學到寶貴的東西。

可惜的是，**許多活動都專注於「後勤」而不是「轉變人心」，結果這些時刻就被削弱了**。我記得參加過一場大會，它舉行了一場非常有幫助且有效的專題演講。然而當演講人講完、觀眾一解散，現場就開始大聲播放音樂，催我們離開演講室並前往下個節目，我甚至聽不到自己在思考什麼。

不到一分鐘，我就忘掉了那場演講的某些關鍵課題，而我本來還想記下來的。主辦單位想把我們趕出演講室，而不是給我們時間反思我們學到的東西，令我非常洩氣。

你活動中有哪些威力最強大的時刻？第十章會深入探討顧客旅程，所以為了理解行程表如何影響文化，先聚焦於能夠塑造文化的平凡時刻吧：

- **歡迎體驗**：人們抵達現場的時候，看起來和感覺起來是什麼樣子？他們有受到熱情接待嗎？或是更接近有效率的體驗？他們報到後的體驗又是如何？
- **及時**：節目有準時開始和結束嗎？或者你只是把行程表當成指南？還是根本就沒有行程表？
- **鄰近程度**：你的賓客坐得有多麼靠近彼此？他們是坐成好幾排，還是好幾個圓圈？
- **聲音**：活動期間是否有播放音樂？如果有，是哪種音樂？多大聲？你有刻意利用音樂來設定調性嗎？

- **顏色與氣味**：你用什麼主題的顏色布置？活動上有散發特定氣味嗎？
- **高潮時刻**：大家會記得哪些集體經驗？你可以怎麼增強這些時刻？當所有人聚在一起時，你可以做哪些事情，促進他們之後討論的欲望？

五、參加你活動的價值是？

價值，會創造出讓大家服務彼此的社群。

先前我第一次去某間診所看病，櫃臺職員的態度就像我是搶匪一樣。他們很多疑，而且彷彿我提個問題就會煩到他們。後來我打電話想預約X光，他們居然不讓我照！最後我只好跟一位主管告狀，他感到有點抱歉。

相較之下，我熟識的基層醫師和物理治療師，他們診所裡的所有人都了解服務的威力。每位職員都面帶微笑，而且樂意盡自己所能來服務別人。沒人想看醫生，但若有這樣的環境，至少不會太痛苦。

反過來說，**大多數人選擇參加你的活動，就是因為它所承諾的利益**。但假如你的職員分心或不喜歡待在現場，就會對體驗產生負面影響。假如你訓練大家預測需求並提供「尊爵不凡」的服務，那又會如何？**假如你有做到，那麼在事情一帆風順的情況下，賓客就不會計較**

小錯誤。

當有人跟你的團隊抱怨時，請將它視為逗人開心的機會。你或許無法立刻搞定他們遇到的問題（例如某個節目已經客滿），但你可以建議他們透過其他方法學到那份教材，或與演講人聯繫。你可以送他們一份小禮物（我們通常是送咖啡禮券）以表示歉意。

這種事還滿常發生的：幾年前，露西（Lucy）在前來我們大會的途中弄丟了行李。我們會指示團隊設法解決問題，甚至還授權給一些團隊成員，讓他們可以在不經允許下使用一定額度的預算。

而在露西的案例中，團隊送她一件活動周邊T恤，然後付錢叫計程車載她去買一些衣服和過夜用品。她幾乎沒有錯過大會的任何節目，而且能「活」到隔天行李送達為止。

大多數問題都是小事：某人迷路了、溫度太熱或太冷、演講廳客滿、有人覺得吃不消。只要團隊成員細心傾聽，他們就能**將這些挑戰化為精彩時刻**。

還記得序章的故事嗎？一支牙刷換到了賓客的美好回憶，結果讓我們賺了一票。你的活動也可以創造這樣的時刻。

定義你在乎的價值

當你花時間理解你的價值，就能協助自己找出對的團隊成員。這樣也能決定你的重點活動項目，以及該怎麼完成。

以下是我招募團隊成員時在乎的價值。你的清單或許會與我類似或不同，但請注意這些事情會怎麼無可避免的塑造文化：

- **服務心態**：我們需要團隊的每個人，都將別人的需求看得比自己還重要。這包括了預測需求、觀察機會等能力，以及就算沒有完整答案也願意回應。我希望職員提供五星級餐廳的尊爵服務給參加者，但是氣氛要像南加州的救生員一樣平易近人。
- **注意細節**：活動就是數千個細節所組成的複雜系統。我們不但需要既友善又快樂的人，也需要重視核對清單和流程的人。
- **彈性**：辦活動是地球上壓力第五大的工作。應付壓力的最佳策略之一就是保持彈性。我們喜歡說：「永遠不要表現沮喪，要像鴨子划水一樣。」最厲害的活動協調人，都既優雅又輕鬆的做這件事。我曾經遇過職員被數千個決策壓垮，任由壓力表露出來並被團隊看見。結果所有人都感到壓力。演講人甚至如此提到一位職員：「她嚇到我了。我才不想跟她共事。」這可不是好跡象。
- **情商**：有自知之明的人，通常也比較會意識到周遭的人。我在領英寫了一篇文章，叫做「強而有力的現身」，欲知詳情請讀它。

你會嚇到。

- **正直**：他們是否言行一致？他們私底下跟公開場合是同一個人嗎？四處打聽吧。有時
- **活動經驗**：他們是否有辦活動或擔任活動志工的紀錄？或者他們只是為了免費門票或你請來的知名講者，才來替你的活動效力？
- **好奇心**：請找天生就很有好奇心的人。

「在人類的戲劇中，提問被視為理所當然的事，而不是事件主角。但根據我所有任教與諮詢的經驗，唯有問對問題，才能建立關係、解決問題、推動事物。」——埃德加．席恩，《虛心詢問：用提問取代告知的文雅藝術》（*Humble Inquiry*）作者

捍衛你的價值

如果有人不適合他的職責，卻符合活動的文化，我會怎麼做？

我們有一位職員，她是優秀的專案經理。她工作很拚，總是把事情處理得井井有條，而且準備要帶領團隊。可惜的是，她到活動現場時，總會臉色鐵青，並讓她的團隊壓力很大。

我們很快就發現，她並沒有準備好擔任現場職務，而且還被要求去做她不適任的工作。這次活動期間，我們盡力支持她，但隔年我們就得設法確保，她能得到更好的支持。

如果你找的人符合你的文化卻能力有限，那就努力弄清楚他什麼事情做不到，這樣他們就能做他們喜歡、你也需要的工作。然而，如果你找的人沒有遵循你的價值，你就必須迅速捍衛你所定義的價值。

埃德加・席恩說過：「文化就是你勉強接受的事。」換言之，**文化就是我們願意容忍的最糟行為可能導致的後果。**

我們有些表現很好的團隊成員，會穿著職員的T恤拉生意。這些時候，我們必須質問這些人這麼做的原因，在某些情況下，下次他們就不會被邀請了，因為他們沒有意識到團隊與他們的利益衝突。

辦活動的技術

試問：你的顧客會談論你的活動文化嗎？如果會，他們說了什麼？

練習：將「活動文化問卷」發給所有關鍵的利害關係人和核心團隊成員。比較你得到的結果。找出你想聚焦的最重要要素，並達成共識。

第九章
「難忘的記憶」怎麼設計？

我永遠不會忘記跟達娜．馬爾斯塔夫（Dana Malstaff）的談話，她是Boss Mom社群的執行長兼創辦人。我們的目標，是討論主持人該怎麼在活動中創造條件，以產生有意義的聯繫。而且我們不只討論而已，還真的做到了。

那時我們自由的分享了經驗和見解，並發現彼此對活動的願景有許多方面一致。但問題來了：我們這通電話只安排了三十分鐘。

二十八分鐘後，我說：「嗯，我是不是要講一下我為什麼打這通電話？」我們齊聲大笑，然後延長了這次通話。我們明白這次對話的重要性，也覺得這次離題很寶貴。

我本該因為沒有圓滿達成任務（在預定的時間內完成對話）而感到不好意思，但我反而產生了好奇心，並且更加確定我渴望創造的事物，既是可能也是必要的。

一起想像一下吧。如果你下一場活動的參加者，最後能帶著一些有意義的、感覺是可行的、重要的行動方案離場。更別說，如果他們也記下三到五條新人脈的名字，並把他們視為潛在的盟友或朋友，那該有多棒？

但如果只有一、兩個強大的人脈或行動方案呢？這樣還值得嗎？

人們總是會拍攝派對、團聚和精彩時刻的照片，但比起這些時刻，他們更會記得自己加入有意義的對話，或是閃現新構想時的感覺。

二〇一八年我們大會舉行期間，我鼓勵我的團隊，列出兩到三件他們想在大會期間實現的事，這樣團隊就能抱持更深的個人意義做事。我跟一位成員分享我的清單，但我沒有放在心上，因為我在活動的最大目標，就是以主辦人的身分為其他所有人創造這些時刻，我不是來追求個人利益的。

所以當我願望清單上三個項目，全都在第一個節目開始前就實現時，你可以想像我有多麼驚喜。這三個願望都是我在走廊上跟朋友短暫交談時便實現的。假如我沒有先訂下目標，可能永遠都不會發覺。

持久的改變，通常都必須下苦功才能辦到，但改變的動力，其形式通常令人意想不到。就像你可能要跑一趟急診室，才會認真看待你的健康；跟朋友的「隨機」對話，或許會使你開啟新冒險；在大會中分享的概念，也可能解放你的思維，使你終於相信自己的能力會以特定的方式改變世界。**機緣巧合，就是各種變化的核心所在。**

用刻意條件，催生意料之外

「如果內容是國王，那對話就是皇后。如果你想想你見到的人們，那麼就知道，一場活動之所以值得下次再來，是因為它讓我們聯繫到很棒的人。」——布魯迪斯．利馬爾三世（Brudis Limar III）

該怎麼刻意製造機緣巧合？你當然無法讓它發生，但可以創造對的條件來激起火花。如果你是野外生存實境秀《倖存者》（*Survivor*）的粉絲，應該會非常喜歡他們的生火挑戰。節目中獲勝的人都知道怎麼創造條件，讓火花變成火焰、再變成營火。

以下是為機緣巧合創造條件的四個基本要素：

要素1：空間

你是否曾在離開會場時，聽見來賓說：「我感覺就像從消防栓喝水一樣？」如果身為活動籌辦人或演講人，很容易把它解讀成一種讚美。我們以為他們的意思是：「好內容太多了，我不可能全部消化完。」

但假如顧客真正的意思是這樣呢？「**我感覺被資訊和機會轟炸，從來就沒時間喘口氣**，或是找到更深入的時刻。」這就像一陣強風吹在一個小火花身上，火就永遠點不起來。

「加速之前先減速。」——暢銷書作家米米卡・庫尼

活動籌辦人傾向認為，自己必須又快又狠的打中賓客們的心，否則會失去他們。但我的建議是，把這件事當成長途賽跑。長途跑者通常在頭一英里會跑快一點，以取得好的位置，然後固定在理想的步調。之後，他們只會在關鍵時刻或比賽末期時衝刺。

我們希望參加者在抵達會場前，會花時間設定自己的意圖和目標。但現實是，只有半數的人會這麼做。我們必須為大家創造所需的不同類型空間。以下是三種要考慮的空間：

- **物理上的空間**：你有地方讓大家獨自坐著或小聲交談嗎？你是否有自然美景或創意元素，以激發更多想法或對話？
- **時間上的空間**：你該怎麼設計行程表？你排節目是否是一個接一個、連續四小時、沒

有休息時間或反思對話的機會？我曾看過這種事，這讓人非常不舒服。請騰出休息時間，長到足以對話一次（或兩次）、並照顧大家的生理需求（咖啡、食物、廁所），之後再銜接行程表的下一個節目。

- **情緒上的空間：**人們需要安全感。人類的天性，就是在遭遇危險或未知事物時，會進入「戰逃僵」反應[1]。人們假如感到害怕，就不會尋求機緣巧合了。有一種方法可以創造心理安全感，就是透過溝通，展現出你有多麼照顧每個人的人身安全（保全人員、衛生禮儀、井然有序的活動）。人們會注意到你對小細節的留心，這樣就更可能會放鬆（請參考前文牙刷的故事）。另一種方式，是協助大家快速找到他們的「同一國」人。我們都希望自己有歸屬感、被大家認識。在我們的活動中，我們在賓客抵達之前就開始試著這麼做了。

要素2：期待

假如你沒有去追求機緣巧合，就很難找到它。雖然我一直說「期待機緣巧合」，但我聽

1 編按：為了生存，動物在遭遇危機時會自動進入反抗、逃離，或無法動彈三者之一，另有一說認為有第四種反應：討好。

過的無數個故事中，人們都是在追求機會時，才找到了工作、夥伴關係，以及寶貴的協助。

菲歐娜（Fiona）曾被我的活動邀請擔任演講人，她是運動產業的意見領袖。活動結束後，她在殺青派對上找到我，跟我說她和一位叫彼得（Peter）的人相談甚歡，令她徹底轉變。他們倆在一段節目結束後開始交談，接著意識到他們的事業處於類似的成長階段，結果就聊開了。他們都意識到，這次對話正是他們來參加這場大會的理由，於是他們決定跳過接下來兩段節目。

菲歐娜告訴我，她正在尋找機會，而當機會自己冒出來的時候，她必須立刻採取行動。你該怎麼創造期待？答案是分享故事：**討論可能性；鼓勵大家做夢**。

有句格言這麼說：「人們會注意到自己追求的事物。」假如人們替自己描繪他們想追求的事物，他們就會更可能注意到它。

要素3：好奇心

有人說：「好奇心能殺死一隻貓。」但我得說，沒有好奇心的話會扼殺靈魂。

XChange Approach的執行長兼創辦人喬恩・伯格霍夫，擅長傳授「領悟式詢問」的威力。他認為我們只要問對問題，就能迅速利用一個團體或組織的集體智慧。如此一來，遠比個人的影響力更快導致變化。

其中一個關鍵，是在每次對話、每個時刻都保持好奇心。這聽起來好像辦不到，但你可以先從「留在當下」開始做起。當你在對話的時候，要專注於對面那個人，不要去想接下來要找誰聊。然後要問問題，傾聽故事背後的故事。

每個人都有值得分享的故事。善意企業（Goodwill）的總裁史蒂夫．普雷斯頓（Steve Preston），曾任小布希總統（George W. Bush）的內閣。小布希每次準備會議和聚餐的方式令他感到驚奇：總統幕僚會先做研究，再把資料給小布希過目，讓他做好準備。在總統讀熟資料後，無論見到誰都能聊得既有趣又有見識。

當然，我們無法對每個在大會中見到的人都這麼做，或者，其實可以？假如你對於每個見到的人的經驗和專業知識，都抱持高度好奇心呢？對方會有什麼感覺？如果你不跟對方爭執論點，反而試著去了解對方是怎麼得出結論和意見的，會發生什麼事？

沒有人能夠壟斷真相或智慧。事實上，資訊創作在近幾十年來已呈現指數型成長。光從二〇一〇年算起，網路上儲存的資訊量已成長了五十倍。資訊是一種商品，而且很容易發現。有意義的人際關係就像黃金一樣，值得付出努力開採。如果一直挖，說不定就能挖到鑽石或祕銀[2]！

2 編按：小說《魔戒》（*The Lord of the Rings*）中杜撰出的虛構稀有金屬。

要素4：適當的逗留

我喜歡欣賞牛仔或邊境牧羊犬趕羊，但我非常討厭在活動中被當成牛羊。你有過這種經驗嗎？一段節目剛結束，視聽人員就把音樂開到最大聲，讓你別無選擇、只能離開演講室。我永遠忘不了我在某場大會遇到的事情。一場專題演講剛結束，而且內容特別有啟發性，我等不及要跟身旁同儕討論其中一個重點。但主持人一收場就把音樂開到最大聲。我無法思考，也聽不見同儕的聲音，最後我們都站起來，安靜的排成一列，想要逃離噪音。等我抵達大廳時，已經忘記我想討論什麼了，只好轉而去滿足基本需求，吃東西、喝咖啡、上廁所——而那個絕佳時刻就這樣沒了。

如果你希望大家產生有意義的對話，就必須為他們創造空間。以下提供幾個方法：

- **將這件事列入議程**：與其排出短暫的休息時間（這樣只夠喝咖啡跟上廁所），不如讓休息時間長一點，這樣大家在每段節目之後，都可以自在的逗留一下。
- **邀請參加者逗留**：邀請你的主持人，在節目之前或之後撥出一點時間，問一些啟發性的問題，以引導出更深入的對話。有時候逗留是件壞事：比如我們不希望臭味久久不散。但說到追求有意義的對話，那些逗留的人遠比匆匆趕場的人更容易辦到。
- **設計選項**：有些人可能喜歡安靜對話，但有些人想要大聲交談。有些人想追問演講人，但有些人可能想要被引導反思。請提供一些選項吧。

- **把交際變成節目：**除了用內容做節目，何不考慮把交際做成類似的單元？這可能包括與演講人的爐邊談話、圓桌對話，以及一對一談話的空間（你可以透過 App 或網站來安排此類預約）。

錦上添花：工程學與科技

人工智慧（artificial intelligence，簡稱ＡＩ）與智慧型科技，可能會是你追求機緣巧合時的最佳盟友之一。Braindate 平臺就認為機緣巧合是可以設計出來的。事實上，他們的標語就是：「一個以人類為中心、群眾外包的平臺，讓參加者有能力透過主題導向的對話聯繫彼此。」

手機 App 和社群媒體，能讓大家更容易找到想認識或聯繫的人。然而，若要完全發揮這些工具的效力，你需要一個團隊擔任「看門人」。否則這些事情多半還是得憑運氣。

辦活動的技術

你無法強求機緣巧合，但可以創造條件，以產生強力的聯繫和記憶。只要你做出幾個關鍵的選擇，就能好好激發這些改變人生的時刻。

試問：你會怎麼在活動中規畫機緣巧合？把這一章當成指南，找出兩到三個你可以在下次活動時做的決策。

練習：回想一下你最近某次的偶然巧遇。寫下這段故事，細節盡量具體一點。重新回顧一次，看看有多少事物一起促成了這一刻。你可以從中學到怎麼創造條件來打造這種時刻嗎？

第十章
實戰演練：從喬場地到公布訊息

我永遠忘不了自己住過甘迺迪國際機場內的環球航空飯店（TWA Hotel）。在那裡，我遇見穿著一九七〇年代制服的職員，走進一九六〇到一九七〇年代的居家擺設，還參觀了其中一架飛機，簡直就像回到過去。我覺得自己回到了小時候，但也有非常現代的氣氛。在踏上海外旅途之前，能夠這樣短暫停留真是太完美了。當業主了解他們的受眾，就知道該怎麼打造精彩的體驗。

如果你在本地超市買麵包，那麼你對麵包的期待應該是新鮮、柔軟、適合做三明治。但假如你買的是手工麵包，期待應該會更高、更挑剔。好的烘焙師知道他們的受眾想要什麼，他們始終都會滿足這些需求。

在行銷界，人們經常討論顧客旅程。這個概念也可以應用在活動。觀察人們在某個時點做的事情，然後問自己幾個問題吧。你的答案要越詳細越好：

- 他們現在正在想什麼？
- 他們的感受是什麼？
- 他們能夠看到、碰到、聞到什麼？這些感官喚起了什麼記憶？
- 什麼事情可能會出錯？
- 該怎麼讓旅程持續下去？邏輯上的下一步驟是什麼？

「超水準」解決方案

「顧客服務革命大會」的創辦人約翰．迪朱利葉斯，曾告訴我尋找服務時刻的重要性。他鼓勵我們從參加者的觀點來排練活動，只要這樣做，就能找出所有關鍵的顧客體驗，進而發現服務機會。我們會列出可能出錯的事情，例如報名，接著會問自己兩個問題：

1. 服務回應的標準是什麼？

2. 如果有超越這個水準的服務，是什麼樣子？

「超水準」就此成為我們的口號。我們現在會試著去發現志工和職員所做出的超水準服務，並用別針和咖啡禮券獎勵他們。為什麼？因為我們的顧客一直跑來告訴我們哪裡出了問題，以及我們的職員怎麼想出有創意的解決方案。

第一步就是要找出活動中所有接觸點，並將它們拆解成「微接觸點」。接著找出所有潛在問題，想出預防性解決方案、現場標準回應，以及你會盡可能提供的超水準回應（見下頁表 10-1）。

排練你的活動議程，找出潛在的顧客服務問題，以及你可以怎麼做準備來解決它們，是非常值得一做的作業。還記得牙刷的故事嗎？我們就是這樣想出解決方案的。

我們找到一個問題：大家想在用完餐之後刷牙，或至少來顆薄荷糖，才能蓋掉口氣，而我們兩個都有提供——我們在服務臺放了大量薄荷糖，而且聯繫人員無論去哪裡都帶著它們。同時也在廁所放了牙刷、牙膏和漱口水。

在疫情爆發之後，有些人不太能放心使用放在公共空間的個人衛生用品，那該怎麼辦？我們在廁所放了一張卡片，邀請來賓到服務臺索取他們需要的東西。雖然很少人會真的來拿盥洗用品，但所有人都知道我們的心意，而心意才是最重要的。

警告：小心，有些漱口水會在水槽留下汙痕，請事先測試！

場地：多少人要來？這裡難不難找？

你或許可以選擇活動場地，或許不行。但正如烤箱的類型對你烤的麵包有巨大的影響，場地也會影響大家對活動的體驗。如果活動辦在機場會議中心，就跟辦在夜店、郵輪或美術館的感覺會差很多，每個場地也都會默默傳達活動相關訊息。

如果你對場地選擇有一定程度的控制權，以下是一些必須考慮的問題：

地點位置

請考慮活動的地理位置：

表10-1　範例：參加派對

可能會出錯的事：

賓客問題	預防性解決方案	標準解決方案	超水準解決方案
我找不到接駁車。	設置醒目指標，並有策略的配置指路人員。	口頭引導賓客前往車站。	職員陪著參加者去坐接駁車（不要用手指路）。
我不想搭接駁車，我想用走的。	提供紙本地圖。	主動拿一份地圖給來賓。	職員整隊後，一起走去會場。
我沒有住在會場合作的旅館，我該怎麼參加派對？	在網站上公布地址資訊與前往路線。	讓職員親自或用電話報路。	根據狀況而定，可提供Uber或計程車的折扣碼，或免費折價券。

- 它是大家想去的目的地嗎？
- 你的參加者是否容易抵達那裡？
- 它安全嗎？

容量大小很重要

這聽起來好像是常識，但還是有超多活動不是空間太大，就是空間太小。

- 你預計會有多少人參加？
- 你最盛大的節目和派對，預計最多會有多少人參加？
- 來賓能舒服自在嗎？
- 你想要限制入場人數以配合場地嗎？

室內／室外方案

如果你的活動令人想走出戶外，你的場地允許這麼做嗎？如果天氣變壞，有沒有好的解決方案？

氣氛和文化合拍嗎

請教你的職員、顧客和利害關係人。比方說，假如你想在藝術倉庫舉辦聚會，但試著吸引的是一群華爾街銀行家，這有傳達你想要的氣氛嗎？或許有，或許沒有。假如你想鼓勵來賓挑戰既定的假設，從嶄新的觀點看事情，那麼在旅館會議中心舉辦聚會，或許就不是最佳選擇——除非那間旅館是紐約市環球航空飯店！

- 當你看著場地的時候，它傳達的氣氛是什麼？
- 假如你的重點是顧客體驗（我假設你是這樣想沒錯，因為你正在讀這本書），請找出能確保場地也忠於這個原則的證據。大多數旅館都同意顧客服務是優先事項，畢竟他們也屬於服務業。但是經過場勘，以及待在場地一陣子後，你就會知道真相了。
- 你的活動會需要順暢的無線網路嗎？若有需要，請確保場地有好的解決方案，或者你可以找外人來解決這個問題。千萬別輕忽這件事，我們第一年辦活動時，以為場地方可以把Wi-Fi搞定，**結果最後我們要求對方分擔五萬美元的帳單，因為他們沒能提供承諾的體驗。**

員工和第三方廠商：請了解相關法律

員工和第三方廠商將代表你的品牌做事，最好確保他們跟你很搭。

- 你有被要求遵循當地的工會條款嗎？最好弄清楚，它對你的預算和辦活動的方式會有重大的影響。
- 你有獲准讓第三方廠商處理活動的餐飲、製作，或其他要素嗎？或者金主其實要求使用自己的內部資源，或是他們的某位「愛將」？
- 如果你僱用有工會資格的勞工，請務必了解其加班費、休息時間與餐費相關規定。

成本與後勤，務必準備 B 計畫

關於預算、計畫和籌備，以下幾件事需要考慮：

- 預計成本總共是多少？修改的成本是多少？你可以在現場臨時修改計畫嗎？如果可以，這麼做的成本是多少？
- 假如食物或咖啡吃完了，誰負責食物和飲料的備案？
- 使用活動場地的飲水機是否要收費？
- 如果有贊助商參與，他們要額外收費嗎？
- 活動可以納入提供食物或飲料的贊助商嗎？成本是多少？
- 你能多早把場地布置好？撤場需要多久？

每一個答案都會對你舉辦的活動類型產生重大的影響。這份清單不是想要累死你，只是要讓你思考應該問什麼類型的問題。**這些決策全都有後果**。

好消息是：無論你選擇什麼場地（或者別人幫你選好場地），都可以利用圖像、家具、光線、地毯、聲音和群眾來影響你傳達的訊息。雖然你無法把郵輪變成洞穴，但大多數活動場地都會給你一張畫布般的自由揮灑空間，你可以在上面畫出你想要的體驗。

最重要的問題：請向所有廠商跟場地方請教這個問題：「**我還有該問的問題沒有問到嗎？**」這樣你就會得到隱藏的見解和資訊。

溫度、通風，怎樣才舒適？

溫度和空氣流動，對活動體驗有很深刻的影響。

比方說，如果溫度太熱的話，人們就會變得無精打采；太冷的話，他們會因為想取暖而坐立難安。當你面對來自多個地區的受眾，實在不可能討好每個人溫度的偏好。例如北方人的耐寒程度就跟南方人不同。

通風也是必須注意的事。場地方一般會告訴你演講室有多少座位，**但不會告訴你通風系統在設計上能容納多少人**。

有充分證據顯示空氣中的二氧化碳若達到一定濃度，就會嚴重危害我們的精神機能，而各種大會（尤其是要分組的室內）經常達到這個濃度。請教你的場地方，如果二氧化碳濃度要低於八百百萬分點（ppm），那麼能夠容納的人數是多少。

他們可能會覺得你瘋了，但這樣你大概就知道他們有沒有想過這個問題。更重要的是，這樣你就知道該不該限制室內座位數量。

感官調味料：談談布置

烘焙的時候，師傅使用的主要調味料是鹽，但還有許多調味料可能影響成果。這些調味料包括肉桂、肉豆蔻或香草。讓我們來拆解一些你可以運用的「活動香料」，以及它們怎麼影響你的活動。

顏色能讓人想睡，也能挑起氣氛

顏色可能會對你的活動產生深刻、甚至無意間的影響。

根據年齡、種族特色、甚至季節，你替主視覺、光線和桌巾挑選的顏色，都可能會喚起不同的情緒反應。刻意使用顏色，就能協助強化你想要的氣氛。假如顏色跟你想要的反應有所衝突，也可能會產生情緒雜音。以下是一些例子：

藍色通常會喚起**冷靜**、**安慰**、**忠誠的感覺**。但假如你在午餐後立刻打上藍色燈光，那乾脆順便準備好牛奶、餅乾和小毯子，因為午睡時間到啦！**請不要小覷藍色光的致睏能力**（請注意，在此我並不是討論電腦和手機的藍光。它有它自己的問題，但那是別本書的主題）。

紫色通常代表**忠誠**、**智慧和財富**。它很適合財經大會，但不適合那些聲援遊民的活動。

黃色如果少量使用的話，就會產生**溫暖**、**明快的氣氛**。但假如太多，就會讓人很焦躁。

如果你想要活力十足、興奮、緊張、逗趣的氣氛，橙色會是很棒的顏色。它通常比紅色更好，紅色雖然也能喚起熱情和興奮之情，但可能太強烈。此外，假如你的競爭者的主色正是橙色，那麼你也許不該強調它。

品牌專家能幫助你真正善用你該用的顏色。你挑選的視聽公司，一定要了解怎麼利用顏色，產生貫串整場活動的正確能量和情緒。

小提示：如果你在舉辦國際性活動，請留意顏色在各個國家所代表的不同意義。例如紅色在美國通常是種警戒的象徵，會喚起高度警戒的狀態；但紅色在中國卻可能會喚起榮耀和忠誠的感覺。

動線怎麼排？客人怎麼來？

空間設計有兩個層面。第一是宏觀角度：觀察演講室的動線、以及顧客會怎麼體驗空間。第二是微觀角度：觀察座位、講臺與個別演講室的體驗。一旦選好場地之後，就該來思考怎麼運用它。請先認真思考你的賓客會怎麼體驗空間。以下是一些該問的問題：

- 賓客會怎麼進場？他們需要停車嗎？
- 該把報到或報名櫃臺設在哪裡，才能不但感覺很吸引人，又能維護來賓安全？
- 主節目要用哪個空間最好？它的容量跟動線足夠嗎？它感覺如何？
- 該在哪裡舉辦不同類型的相關節目（例如分組討論）？
- 該在哪裡提供餐點和咖啡？大家可以聚集在哪裡進行非正式對話？你有準備特定的位置讓大家交際嗎？
- 該把贊助商放在哪裡，讓他們得到大量的人流，並覺得自己是活動的一分子？
- 辦公室和演講人準備室要設在哪裡，才能既便利，又不會顯眼到干擾參加者的體驗？
- 該場地是否有令人困惑的地方，甚至讓人容易迷路？該怎麼解決這個問題？誰會跟場地人員協調以解決此問題？
- 該怎麼策略性的利用裝飾物，強化你想在活動中呈現的氣氛？適當的裝飾，可以將無聊的會議室變成異世界。

- 活動空間中有哪些地方是死氣沉沉或不吸引人的？你可以做哪種事讓賓客有理由彼此互動，或是參與活動的更多層面？
- 地毯使用什麼顏色？曾有一年我們為了決定展場地毯該用藍色還是灰色，在網路上激烈爭論了一番，這其實很好玩。此外，人們在水泥地上站久了會容易鐵腿，所以地毯是必要的，但它的租借費用很貴。
- 該怎麼限制活動產生的垃圾？你會採用哪些資源回收選項？剩餘的食物該送給遊民收容所，還是有其他處理方式？

座位，定調活動氣氛

說到使用者體驗，室內設置方式的影響尤其巨大。

例如傳統戲院座位傳達的感覺，就是聚焦於演講人和講臺；有長桌和長椅的教室式座位，是在告訴大家這是嚴肅的學習活動；假如你讓大家坐在圓桌旁邊，這就是在暗示大家，對話跟臺上的簡報一樣重要；若把來賓配置於V字型座位，對社群來說感覺更開放、更吸引人，但也會限制你放置的椅子數量。

以下是大型活動的一些標準座位安排[1]：

- V字型：分成兩邊的座位，向中間逐漸靠攏，以產生更集體的感受。
- 觀眾席／戲院式：傳統的橫排座位。
- 宴會式：每六到十人坐成一個圓桌。活動籌辦人通常會把背對講臺的椅子拿走，讓來賓坐成半圓形。
- 教室：讓來賓坐在兩、三公尺的長桌，這樣更方便做筆記或使用電腦。有時也會提供插座（請注意，如果場地方要求支付「插座費」，那就可能會讓你花很多錢）。

許多活動籌辦人會混用各種座位類型來設置室內。你可能會發現前面是舒適的沙發，中間是圓桌，後面是站立式辦公桌。這能讓每個人都用最舒服的方式坐著，但這樣設置也很花錢，絕大多數的場地只提供桌子和椅子。

小提示：如果在活動期間改變室內設置，場地方通常會收費，除非是為了提供食物。

1 作者按：如果你需要更清楚的圖像與解釋，請掃描下方 QR Code（英文網站）。

聲光效果，不能省！

聲光設計既是你最大的成本之一，也是最重要的投資之一。

如果參與者無法輕鬆看見或聽見你的演講人，就容易引起抱怨。而殘酷的真相是：假如聲光製作公司把他們的工作做到完美，就不會有人注意到或是發表任何意見。只有那些沒做好的時候，大家才會批評。

但如果事情很圓滿，會計師可能也會問你：為什麼製作預算會這麼高？你必須記住，事情之所以圓滿就是因為你挑對公司，這間公司搞定了一切。

我就直言不諱了：完美的節目並不存在。總是會發生某些鳥事：麥克風會故障、投影機的燈泡會熄掉、影片會卡住。重點不只是怎麼減少這些問題，還有當問題發生時該做什麼。

以下是幾件重要的事情，取決於你的節目規模和預算：

- 你有打算要錄影嗎？請弄清楚他們怎麼處理備份檔案。這相當必要，因為總是會發生某些意料之外的事。
- 你有打算現場直播嗎？有的話，弄清楚哪些直播方式對視聽公司更順手。
- 你有打算要從錄影中擷取影片嗎？請弄清楚在你的會場要怎麼辦到這件事，通常每間演講室都要多派一個人才能搞定。

- 你有打算讓演講人錄下自己的節目嗎？如果有，弄清楚製作公司想如何處理這件事。假如錄影師想單獨從音效板擷取一段音訊，通常都會出問題。
- 你打算在節目之間播放背景音樂嗎？如果有，請弄清楚該由誰提供音樂，以及歌單要怎麼獲得播放許可。千萬別任由串流音樂一直自動放歌，它可能會在一段時間後自動播放推薦曲目，卻無法篩去那些有清楚歌詞的歌曲（這會影響來賓交流）。
- 如果規模較大，我強烈建議你僱用一位節目總召／技術總監。這個人非常有用，他能排除故障、用有效率的方式解決問題，並且告訴你怎麼簡化事情，讓節目更精彩。

小裝飾，例如植物

前文提過，裝飾物可以協助你轉變一個場地。讓我稍微談一下真的植物和人工植物的差異。活生生的植物能改善空間中的氧氣循環，並能將死氣沉沉的水泥房間轉變成生意盎然的環境，即使你的來賓可能不會注意到差別。

雖然不是所有植物都必須用活的，但放兩棵真的棕櫚樹絕對值得。其中，人造樹的假冒感又特別明顯，但塑膠的榕屬植物就比較沒那麼容易被發現。

公布資訊的方式，不能只有一種

當人們千里迢迢來參加你的活動，肯定會想了解某些現場情況。驚喜雖然很棒，但假如你沒跟大家說明該怎麼滿足基本需求（食物、水、咖啡），就等於迫使他們進入求生模式。這樣來賓就不太有餘裕深入參與你的活動。

曾有一年，我們低估了喜歡喝精品咖啡的人數，並只準備了普通的咖啡，結果只看到附近的星巴克排了超過一百個人。大家不得不跳過節目，去喝咖啡醒腦，我們嚴重錯估精品咖啡對受眾的重要性。

傳遞的模式和程度

溝通，就是你口渴的顧客所需的水。你可以選擇怎麼傳遞他們需要的資訊。例如透過電子郵件、簡訊、手機App、指標、紙本議程表、甚至口頭公告來傳達，只是你一定要有計畫。**最理想的情況是，確保你的計畫符合受眾接受資訊的傾向。**

請注意，你的參加者可能會分成兩大類：狂熱的過度準備者，以及隨波逐流的參與者。狂熱型人士希望能盡早取得最多資訊，你應該主動寄電子郵件給他們，準備好資訊充足的網站，甚至製作可下載的PDF。他們會全部讀完，然後有備而來。至於隨波逐流型人士只在需要時才想要資訊。你的手機App、節目指南、顧客服務團隊，將會成為這類顧客的重要資源。

別人能用的招數，你不一定能

大多數活動都溝通不足，或者只分享部分資訊。但就算溝通過度，也還是可能失去你的受眾。比方說，聖地牙哥國際漫畫展（Comic-Con San Diego）就為他們的活動設置了三十一天倒數提示。就我所知，這對他們很有效，但當我們試著這樣做的時候，卻發現我們的受眾甚至看都不看一眼。這樣有趣歸有趣，但浪費了很多力氣，收穫也很少。

原來，是因為我們的受眾跟漫畫展不一樣。雖然我們的粉絲聲勢浩大，但他們可不會每天查看網站公布和更新的訊息。

艾琳．加根．金（Erin Gargan King）曾替奧斯卡金像獎負責過社群媒體。她發現，**大多數活動溝通都有一個九十天的甜蜜點**：活動開幕前六十天開始增加溝通和社群貼文，並持續到活動結束後三十天為止最完美。

艾琳的祕訣是：**別讓同一個團隊包辦活動前、活動期間、活動後的社群媒體**，他們需要休息。擬定人員配置計畫時，要讓大家能夠輪流喘口氣，並維持充沛的體力。

橫跨各管道的一致性

建議要整理你的溝通方式，這樣你的所有管道都是一致的。我們會比較我們的銷售訊息，看看付費參加者是否願意收到我們對潛在顧客發布的訊息。我們還將訊息放上時間軸，這樣大家就會在正確的時間收到資訊。從我們的歡迎順序開始，一直貫徹到在大會期間和結束後分享的事物，範例請見下頁表10-2。

行事曆要排什麼？

在構築議程的時候，有很多事情要考慮。我不可能一步步教你怎麼排出完美的議程，因為活動有非常多種，但以下是一些要考慮的原則：

空白空間：人就跟藝術和書籍一樣，需要留白。別把活動排得太滿，結果害大家沒時間喘息、思考或進行有意義的對話。然而，隨著活動規模變大，大家就會自己排行程了。不必太擔心這件事，除非你的活動只辦這一次。

身體運動：人體是設計來運動的，而不是坐著好幾個小時。請務必納入充足的休息時間，並插入身體活動的機會。有些活動會邀請瑜伽老師或運動專家，像是麗茲．威廉森，她會安排兩分鐘的運動讓來賓活絡筋骨。

自選式冒險：說到行事曆規畫，這或許是最重要的原則。請想像幾位不同的參加者會怎麼體驗整場活動，看看他們是否能輕易做出對自己的學習和交際目標最有幫助的選擇。這就像在設計電玩，假如你一次給人們太多選項，他們會吃不消。但假如你一次只給兩到三個選項，他們就會持續推進。你可以在一張紙上畫出決策樹狀圖，看看它會往哪裡走。

讓你的議程簡單易懂：活動越複雜，你的密碼就要越好破解，這樣大家才知道要挑哪個選項。在行程上用顏色區分、甚至圖示都能幫上忙。你的紙本活動指南（如果你有的話）跟網站、手機App、現場標誌的呈現都要保持一致。

表10-2　不同訊息的發布方式範例

訊息	電子郵件（給員工）	電子郵件（給來賓）	網站	來賓入口網站	社群媒體	手機App
公布新的演講人	7月20日寄出	7月20日寄出	7月20日新增至演講人頁面	新增通知	7月20日透過臉書、X、Instagram分享	無
旅館房間即將客滿	無	8月31日寄出	新增至旅館頁面	新增通知	於臉書社團分享，但不公開頁面分享	在主螢幕新增通知

比起下重本，你得有「剛剛好的影響力」

「如果你希望為每個人做一件事，那就先為一個人做。」——牧師、暢銷書作家安迪・史丹利

世上沒有兩位顧客會用同樣的方式體驗你的活動，但或許會有些可預測的模式，所以你應該**先為這些模式擬定計畫，再預留個人化的空間**。當你的顧客越清楚他們的目標，就越容易規畫自己的體驗。所以，你要讓選項很清楚。

你做的某些選擇，並不會明顯到被來賓察覺。甚至可能會有團隊成員質疑你對座位、燈光或顏色的決策。但這些選擇都會對顧客體驗產生潛移默化的影響。請特別留意對顧客影響最大的決策，務必排除你的個人偏見，並尋找資料佐證你的結論。

有一年，我們正在找方法替活動增添幾種香氣。有些很酷的設備可以大規模做到這件事，但我們要花好幾千美元才能租用。後來我們用便宜很多的價格買到精油擴散器，並將它們策略性的安置在各處，結果產生了極大的影響。那時我們觀察到，來賓至櫃臺報名時相當放鬆，於是就維持這個做法，再也不做更大的投資。

辦活動的技術

試問：你看過最酷的活動空間是哪一個？最糟的是哪一個？為什麼你覺得它們不一樣？它們怎麼影響你的體驗？

練習：為了顧客的理想活動旅程，製作一個「分鏡腳本」吧：為每個重要階段畫一張圖，並描述圖中發生了什麼事。人們在想什麼？感覺什麼？做什麼？你跟你的團隊在做什麼？

請描述各種背景，以及你在每個階段可以做出哪些改變（無論好壞）以影響使用者體驗？將創造最佳體驗的理想選擇凸顯出來，並跟你的團隊討論：它有什麼不一樣？或者它正如你的預期？

第三部

魔鬼藏在細節裡，怎麼與眾不同？

第十一章
零基礎，怎麼偷師？

我永遠不會忘記王先生。他在科羅拉多州利特爾頓市（Littleton）開了一家越南小餐館。食物既好吃又便宜，體驗更是無與倫比。他總是記得我的名字，接著花五分鐘調侃我明明很帥卻是單身。他讓我覺得我們是一家人。當我日後終於帶老婆來用餐的時候，你可以想像他有多吃驚，現在他轉而一直誇我老婆漂亮，我卻變成他口中的醜男了！

本書到目前為止，已談過創造難忘體驗所需的材料。我很想直接給你食譜，但我抗拒了這股衝動。原因如下：

假如你只是十二歲小孩，或才剛開始辦活動，食譜能幫助你起步，但它永遠無法引導你創造出難忘的事物，反而只能重現別人的難忘活動。

我曾經服務過幾個新興教會。人們總是有想模仿別人做法的衝動。在一九九〇年代末期，許多教會都在模仿柳溪社區教會（Willow Creek Community Church）——位於芝加哥郊區的巨型教會。我服務過的某個教會也想這樣做，結果一直發展不起來，直到我們拿掉輔助輪、創造自己的願景。

核對清單和流程是很寶貴的，借用別人的程序可以省下你的時間，但務必要清楚你為什麼要做這些事。還記得前文提過的某間麵包店嗎？烘焙主廚無法回答我，她為什麼要這樣做麵包，因為那只是其中一間連鎖店，她不必知道所有「為什麼」。

你應該不是一年辦幾十場連鎖店式活動的人吧。如果你是，更要認真思考食譜的每個要素，以確保一致性、並容許各種彈性。

簡而言之，你要製作專屬於你的核對清單、發展這些清單，以記住你想出來的所有步驟和程序。我們之所以運用專案管理工具和流程記錄工具，正是為了這個原因。

某次大會上，那時我們團隊的人員流動率很高。新團隊有很豐富的活動經驗，但沒辦過我們的活動，結果導致核對清單上有些事似乎沒必要或多此一舉。他們忽略了這些清單，最後讓我們很後悔，因為這些清單就是用來確保我們記住活動重要元素的方法。

食譜很重要，但你得盡快創造你自己的食譜。

我還知道一件事：假如我將同一份食譜拿給你和其他五位活動籌辦人，請你們各自辦一場活動，你們的活動最後都會長得不一樣。你就是會忍不住用自己的方式處理它，這樣非常好。但我也希望你弄懂該怎麼將你的個性和方法置入活動，同時為賓客創造難忘的體驗。

邁向難忘體驗的步驟

我們來檢視幾個步驟吧：

1. **從你的顧客出發**：去了解你的顧客。他們喜歡什麼？他們需要什麼？你該怎麼為他們創造難忘的體驗？他們以前有參加過你的活動嗎？他們有什麼期待？
2. **讓全體人員做好準備**：確保你的職員、志工和廠商都有共識。假如你沒有找對領導人，一路上只會充滿挫折。
3. **謹慎挑選你的內容**：人們參加學習活動的主要理由，就是為了其中的演講節目和研討會。請花時間慢慢挑選主題和專家，因為人們會以此判斷和記住你的活動。請找那些願意投入社群的專家。
4. **專注於聯繫**：大家千里迢迢跑來參加活動，是因為他們想要一起學習。你要讓這件事越簡單越好。請找一群超級聯繫人，他們會像酵母一般在活動中擴散、讓參加者參與對話，並給他們一些有幫助的指示。你的派對、休息時間、空間，都應該讓顧客能輕鬆認識彼此。

5. **增加變化所需的條件**：你的場地、心態和方法，都必須能促成機緣巧合。
6. **文化很重要**：人們會感受到活動的文化。它是上述所有事情的結晶，也是你處理顧客服務和職員心態（態度）的方式。
7. **設身處地為顧客著想**：顧客旅程是對你的終極測驗。假如你創造出精彩的體驗，卻沒人參與，結果就還是失敗的。預測你的顧客會參與哪個地方、用什麼方式參與，這樣才能創造對的體驗。

找到對的做法，你得不斷實驗

烘焙師喬許・艾倫告訴我們，一旦我們釐清顧客想要的味道（體驗），我們就可以開始做實驗，直到寫出自己的食譜和流程。

如果你每年只辦一次活動，這段實驗流程可以慢慢來；而如果你每年要辦幾十場活動，你只會學得更快。**但就算是很少辦活動的人，也能透過觀察其他活動，並加入那些活動的志工團隊偷師**。

想出十個點子，先試一個

厲害的科學家都知道一件事：你必須能夠測量你的行動所產生的後果。因此，你必須盡可能將每個行動分開來看，接著便能分辨它們分別產生什麼樣的影響。這段流程的起點，就是建立假設並測試它。

說到你的活動，我鼓勵你替每個主要成分想出一段陳述。跟你的團隊開個會，基於每個準則來描述並評估你目前的活動。一旦你描述完活動現況，請和團隊在這件事上取得共識：這場活動有哪些方面最需要改變，才能創造顧客想要的體驗？

確定答案後，請想出十種方法來產生這個必要的改變。不要預判你的構想，正常來說，這要花點時間腦力激盪，才能想出最好的方案。在好主意浮現之前，你總會先想出幾個壞主意。接著，把十種方法縮減至一到兩個值得嘗試的，然後挑一個，以這個構想為中心來做實驗。你得向大家陳述這項實驗，而且要了解它是否能產生後果。最後測試它，確保你有辦法判讀成果，才能弄清楚它是否有效。

另外，請找一個人負責這個實驗，如果沒人負責，大家就永遠不知道它是否有效。

一次一個慢慢來，否則會搞混

你當然可以一次進行好幾個實驗，但要認清，每個實驗都可能影響其他實驗的結果。例如你同時做兩個實驗，分別跟內容和聯繫有關，但無法完全分隔它們。結果你就不會知道，到底是內容實驗改善了內容體驗，還是聯繫實驗也影響了這些結果。

如果你要辦場全新的活動，那麼這整段流程就會比較簡單，因為你可以為來賓描述並創造出理想的體驗，而不必考慮以往怎麼做，但我還是建議你寫下你的理論，然後找方法測試它是否有效。

請記住，判斷實驗是否有效的人並不是你，而是你的顧客。請花些時間，透過問卷和對話傾聽他們的意見。

除了練習，找幾個模仿對象

最厲害的活動設計師，都知道怎麼透過實驗和研究，讓自己的技藝更精湛。他們也會向活動產業的同儕學習，或是擔任其他活動的職員、從中學習。

當我剛開始從事音樂事工[1]的時候，即使我還不是負責人，有位導師仍鼓勵我多去參與合奏團的演出：在音樂劇的伴奏管弦樂團演奏、在社區唱詩班唱歌、替別人的樂團演奏薩克斯風等。他的理由是，我自己動手做的話，就能注意到我可以做到（或避免）的事。

通往精湛技藝的捷徑，就是找到一小群導師和同儕，讓他們推動你、激勵你。如果你有看過美國美食頻道（Food Network）的節目《鋼鐵主廚》（*Iron Chef*），就會看到菁英主廚們是怎麼向彼此學習的。

美國成功學之父吉姆・羅恩（Jim Rohn）曾說，你就是「你花最多時間相處的五個人的平均值」。所以，你要結交一群活動籌辦人，他們會推動你不斷進步；但你也要結交五位導師，讓你可以從遠處學習，或許最後還能出師。接下來，就好好觀摩他們吧。

我在本書中已經跟你介紹過我幾位良師益友，但有一個人對我影響甚深，我想在此歌頌、紀念她。

好客傢伙的最棒追思會

我的朋友崔西・布魯耶特，因癌症在二〇二一年下半年過世。她是聖地牙哥海灣希爾頓酒店（Hilton San Diego Bayfront）的銷售副總監，也是我的朋友，她知道如何像家人一樣對待人們。我從不覺得她是供應商或廠商，而是真正的朋友。事實上，我還參加並主持她的追悼會，因為我關心她，以及那個愛她的社區。崔西的家人得知此事之後，就請我主持追悼

1 編按：以基督教會成員的身分，執行教會所任命的工作，如宣教等。

會。我倆有許多回憶，但有兩次體驗特別鮮明，剛好能說明難忘體驗的威力。

一場球賽，換到三個好友

二〇一五年，崔西帶我跟幾位朋友去看聖地牙哥教士隊（San Diego Padre）的棒球賽。在這之前，我曾帶我的孩子一起去看過一場，但他們年紀太小看不懂，所以我們在第七局的休息時間之前就離開了。可是跟崔西一起看球的體驗截然不同。

我不記得教士隊的對手是誰，或哪隊贏球，但我記得食物，還有我們上了球場的大螢幕。崔西每一局都會跑去拿食物給我們，食物多到可以餵飽一支軍隊。到第五局的時候，我們全都吃飽了，可是當賽後她邀大夥吃晚餐時，我們還是無法拒絕。

請你注意一下我所記得的事：崔西很好客，還有我們受到眾人矚目。就連我老闆都看到我們上了大螢幕，還對此評論了一番。

但崔西的好客，比其他任何事情都還要鮮明：她不希望我們有不好的體驗，所以一直送上食物跟飲料，確保我們有被好好照顧，她甚至沒有認真看比賽。她的一位同事評論道，崔西犧牲她的個人幸福，只為了追求客戶、同事和家人的利益。這就是好的活動主辦人會做的事情。

她完全符合刻板印象中的母親，一直端出美食並說道：「吃啊，盡量吃！你們男孩子要吃壯一點！」那一天我跟傑森（Jason）、傑夫（Jeff）、艾瑞克（Eric）建立了深厚的友誼，至今我們仍每週聚會一次。要不是崔西替我們創造這次體驗，大概就不會出現這個男子聚會了。

我還記得那場比賽的食物，不只是因為它很好吃，也是因為它很豐盛，而且有點不尋常。那天我們吃了烤肋排、辣味葵花籽和手工啤酒，我的鹹味感官非常享受。當然，事後我必須慢跑一週，才終於覺得消化完了。

我們可以學到什麼？

好客和服務都是精彩體驗的關鍵成分。好的主辦人都非常體貼賓客的需求，他們甚至會在賓客提出需求之前，就已經預測並加以滿足。崔西每局都跑去拿飲料跟食物，這樣我們就不必撇下球賽——她希望我們享受比賽。我知道她是狂熱的棒球迷，但那個晚上，她更像是我和我朋友的粉絲。這種感覺很棒。

創造對話的空間，就能導致持久的記憶。在這個特別的例子中，比起我跟崔西的對話，我更記得我跟新朋友的對話。她促成了這一切聯繫。

我會邀請這些人，是因為知道我們有些共同點。當時我甚至跟傑夫、艾瑞克都只是同事，但我想更了解他們，而棒球賽似乎是很適合的地方。

假如你有親自現身，就會發生機緣巧合。我不認為崔西有安排我們上大螢幕，但我們的座位既舒適又視線良好，而且如果我們沒來看球，也不會被攝影機拍到了。

但就算我知道崔西跟視聽團隊有交情，並請他們在比賽期間拍攝我們，我應該也不會太意外。無論如何，我們現身了，而崔西讓我們持續投入球賽以及彼此。一段特別時刻之中的機緣巧合、持久的關係，就在此時發展了起來。

旋轉木馬法則：刺激得剛剛好

一段迴盪於杜松與常春藤餐廳（Juniper and Ivy）的對話，促成了一個有意義的時刻。

在那場球賽結束幾年後，當我去某地場勘時，崔西問道，她和她老闆安迪・帕施克可不可以請我吃晚餐。我說可以，但我想帶女兒一起去。崔西開心的答應了，於是在杜松與常春藤訂了位置。我從來沒聽過這間餐廳，但既然是別人請客，我樂意試試！

杜松與常春藤標榜自己是「精緻的美式晚餐」。從代客泊車、餐廳領班、到琳瑯滿目的酒類，這間餐廳都散發出精緻和優雅的氣息。我們享受了難忘的用餐體驗，但這些都只是「前菜」而已（抱歉，我總是忍不住耍冷），接下來的對話才是重點。

我來自德州堪薩斯，是那種「吃粗飽」的人。我通常不需要時髦的餐廳給我尊爵不凡的感覺，但那個晚上，崔西確實讓我們感到非常尊爵不凡。

以崔西的角度來說，這件事純屬巧合，但在那次的時空背景下，由她促成這件事未免也太適合了。當年稍早，「延伸時間」（也就是我所謂的「讓時間靜止」）的威力給了我啟示、讓我醞釀出寫書的想法，並想要跟崔西和她老闆安迪聊聊這件事。

在餐廳的一流服務之中，我們討論了旅館和餐廳該怎麼創造良好環境，藉此創造強烈的記憶和有意義的時刻。我們討論了顧客服務、空間設計和活動流程的重要性——小故事背後的大故事！

我鮮明的記得自己談到一間旅館（算是這間餐廳的競爭者），在某一年令我印象深刻，但它的服務水準隨著時間遞減。這讓我不太想在那間旅館逗留，但這樣一來，我可能就會太早離開，或許還會錯過重要的聚會。

這次對話讓我第一次注意到「超個人化」和「旋轉木馬法則」的威力。

旋轉木馬法則的意思是，當某場活動本來想給你難忘的體驗，但假如事情進展太慢，你就會想離開；而如果事情進展太快，你確實會得到體驗，但也會暈頭轉向。**完美的旋轉木馬必須足夠刺激，卻不會把你甩出去或令你頭暈。理想的活動或餐廳體驗也是類似的道理。**

我們晚餐吃了三到四小時。崔西還是老樣子，一直點食物和飲料讓我們試試。服務生知道怎麼持續疊加我們的體驗，卻不會介入談話（但我們還是有注意到他的服務）。那晚雖然花了不少錢，但那次對話的價值遠遠超過餐費。

我們可以學到什麼？

背景很重要。假如我們是在丹尼餐廳（Denny's，連鎖平價西餐廳）或麥當勞聚會，這段強烈的記憶就不會這麼豐富了。從菜單、服務生到裝潢設計，一切都在邀請我們進行更深度的對話。直到我們飯都吃完了，卻還是不想離開。

服務勝過浮誇。杜松與常春藤雖然是高級餐廳，但它的優雅是低調的，其人員才是它的亮點。從泊車小弟、領班到服務生，我全都能回想起來，我們一整晚都感受到極佳的服務。

保持好奇心。安迪和崔西都問了一大堆問題，並且從自己的經驗中分享範例（例如旅館該怎麼實現旋轉木馬法則）。他們的好奇心也使我想接著提問。這次對話就算過了五年之久，我跟安迪都記憶猶新。

意想不到，但不落俗套

我們都知道崔西很愛棒球，而且是完美的主辦人。在她的追悼會中，每位朋友和家人分享悼詞時，都一再提到這些主題。

當輪到我分享一些最後感想、幫追悼會收尾時，我知道我要做兩件事：首先，我分享一首寫給崔西的歌（這首歌非常催淚，但其實我並沒有現場演唱它，因為我一定會哭出來）。歌放完之後，我很確定崔西如果還活著，會在那一刻做什麼事。

崔西如果跟這麼多朋友和家人聚在一起，她大概會想叫一輛巴士，載大家去看教士隊的比賽。既然這樣，我做了一件事、一件我很可能再也不會在追悼會上做的事：我拿出薩克斯風，吹了一首典型的美國棒球歌《帶我去看棒球賽》（*Take Me Out to the Ball Game*），帶著大家一起唱。

大家離場的時候，都說這是他們參加過最棒的追悼會。我不敢說它真的是最棒，但我確實讓它變得非常個人化。在歌曲與故事之間，大家都感覺他們跟這位好友聚了最後一次，這次體驗不但非常有意義，也非常難忘。可見記憶、意義和重要時刻的威力是無可取代的。

所有元素，都沒有「人」重要

前文談過，活動的必要成分包括內容、對話、聯繫和背景。而裝飾風格、顏色、燈光和議程等選擇，就像香料一樣。我思考了一下跟崔西相處的經驗，發現所有關鍵成分都發揮了作用。內容就是體驗本身（教士隊的比賽或晚餐）。對話很豐富，我們不但產生新的聯繫，還透過好奇心加深了舊的聯繫。而且崔西之所以挑選這些背景，正是因為它們有能力為難忘的體驗創造空間。

混合成分的優先順序

我不太會烤麵包，但我看過我的媽媽跟奶奶烤麵包，所以我知道材料一定要以正確順序來混合，例如你不能把糖霜跟麵粉混在一起。

規畫活動時，你很容易忘記必要成分，過度執著於糖霜和裝飾。它們會讓甜點很獨特，但除非你的麵糊很棒，否則它們並不重要。如果你的蛋糕烤得好的話，佐料就不必加太多。

許多活動必須改頭換面。預算必須刪掉重列，才能逼籌辦人和規畫人重新思考：精彩的活動是由什麼構成的？如果我們要回歸基本面，請務必遵照一下這個公式：

（對話＋聯繫）×選擇＝難忘的體驗

對話包括專家內容、安排好的討論，以及非正式會面。精彩的活動會替上述所有對話創造空間，並且自然的促進它們。這種魔力通常能使不同層次的對話天衣無縫的連續下去。

假如你必須從人、科技和設計元素選擇一個，那你一定要選擇人。

酷炫的圖像與創新設計能引起注意，但人的感覺才能撐過時間的考驗。只有人才能產生你想創造的那種影響力。包括顧客服務和社群的力量。

酵母是超強的作用劑。它只占了麵包的一％到二％，就能讓麵包膨脹起來。在活動中，酵母代表的是超級聯繫人——喜歡認識與介紹大家的人們。授權給你的聯繫人，讓他們在整場活動中聯繫與傳播。如果酵母自己擠在一起的話，可無法讓整個社群膨脹起來。

仔細聆聽，創意回應

超級聯繫人的數量並不多，但每個人都能保持好奇心。請鼓勵你的職員和賓客，持續留在會場並對所有事保持興趣。我堅信：「每個人都有值得一聽的故事。」後面再加一句：「歌曲是無與倫比的說故事方式。」

假如參加你活動的人，大多數都像一八四八年的加州淘金客，那會如何呢？他們都渴望發現金子。而在活動中我們會發現，金子被分享的話會更有價值。

你是否有注意到，我兩次跟崔西相處的經驗都凸顯了「顧客服務」和「空間所扮演的角色」的重要性？

這就像用對材料且經驗豐富的烘焙師。假如你把同樣的材料拿給沒經驗的烘焙師，成果可能會很糟糕。同理，假如你拿普通的材料給烘焙大師，還是會得到很好吃的蛋糕或麵包。

精彩的活動，需要活動職員遵守這個口號：「仔細聆聽，創意回應。」

這個概念來自魔堡旅館的執行長達倫．羅斯。有些人稱他為「搞怪長」（Chief Executive

Freak），因為他的顧客服務有很多花招。他對細節的重視，使他說出這句話：「以溫暖和尊重對待賓客，同時預測他們的需求，久而久之就能贏得他們的忠誠度。」

優秀的服務員都知道如何仔細聆聽。他們不只是聽對方口中的話而已，還會研究肢體語言，並且以創意回應他們注意到的事情。

大衛・華格納（David Wagner）曾在顧客服務革命大會工作。有一年，他注意到跟他說話的來賓臉色蒼白。於是請對方停下來，並詢問她身體有沒有不舒服。她說她覺得頭暈，想要喝水跟休息。而大衛照顧她的時候，驚覺她生命有危險，於是趕緊送她去醫院。

大衛注意到異常並且採取行動，可說是救了她一命。這已經贏過九八%以上的活動主管了（並不是說其他活動主管就不關心來賓，他們可能只是不會注意到她有生命危險）。大衛不但繼續服務她，在這位來賓被送到醫院之後，大衛決定繼續陪伴她一、兩天。

你能想像你的活動總監在年度大會缺席兩天嗎？

我們可以質疑大衛是否適合這樣做，但他確實展現出超水準的顧客服務。那位女士將會永遠忘不了，而我猜你也忘不了。

辦活動的技術

試問：你是否曾經為一道菜創造食譜？那段流程是怎麼幫助你的？你可以怎麼活用那段經驗，為你舉辦的活動創造食譜？

練習：跟你的團隊開個九十分鐘的會，逐項討論本章所有步驟，為你現在的活動創造食譜，接著確認哪一種改變會使活動產生最大的正面變化。同時也要注意，若哪個要素被移除，會對活動產生最大的負面影響。最後，決定你要在下次活動做哪個實驗。

第十二章
應該放音樂，還是大合唱？

我永遠不會忘記，我們第一次在大會上演諧仿版的音樂劇。

我請艾米·蘭迪諾（Amy Landino）飾演桃樂絲（Dorothy），再請其他幾位演講人和來賓飾演其他角色，並由麗莎·羅斯汀（Lisa Rothstein，本書英文原版的插畫家）編寫故事和歌詞。

我們保密到家，所以就連執行長都不知道會發生什麼事。等他開場演講結束之後，我立刻上臺宣布事情，只不過我請了一些朋友來幫我一起宣布。十分鐘的短劇結束後，全場都起立鼓掌，而且我後來聽到有人說，這是他們在商業大會所看過最大膽、最創新的事情之一。

只是我沒想到，「產業音樂劇」這回事，原來之前已經有人演過了。

吃飯時唱歌很不禮貌？

你的家人允許你吃飯時唱歌嗎？你上次在商務會議唱歌是什麼時候？那麼在你的活動中唱歌呢？我們小時候都不被允許吃飯時唱歌——哼歌或吹口哨也不行。這樣違反了所有禮儀。當時我沒有質疑這個觀念。但現在我想知道，到底是誰決定了這個規矩？

雖然有越來越多研究和趨勢，顯示出在職場（或在日常生活中）唱歌的好處，但我們通常還是只在文化許可的地點和時機唱歌。是時候來改變這件事了。我相信我們都能因為多唱歌而受益。天曉得？說不定音樂正是讓你的活動與眾不同的關鍵。

歌唱的神經科學

科學已揭曉唱歌對心理層面的巨大助益。唱歌可以降低壓力、減少焦慮，以及增加腦內啡，藉此改變你的大腦。研究顯示，唱歌也能提高你的免疫反應、改善睡眠、提高疼痛耐受性、以及讓你感覺更連貫。

「根據歌唱的神經科學顯示，當我們唱歌時，神經傳導物質會以嶄新且不同的方式連結，並會啟動大腦中的右顳葉，釋放腦內啡，使我們更加聰明、健康、快樂、有創意。當我們跟別人一起唱歌，效果會更顯著。」——醫學博士，卡珊德拉．薛帕德（Cassandra

Sheppard）《牛津音樂手冊》（*Oxford Handbook of Music*）研究員表示：「唱歌需要大腦巨大網絡的齊心協力。」刻意的訓練和發展，能夠強化這些網絡，進而提升績效、創意和快樂。

見解一：音樂能創造更好的心境

音樂會使人進入更好的心境，令人們想要學習，並敞開心胸接受新體驗。

安迪．夏普是Song Division的執行長，這間公司僱用許多錄音室樂手，為各種規模的大會（最多五萬人）創造獨特的音樂體驗。他說，現場演奏的音樂比預錄的音樂更好，但最棒的是能讓人參與的音樂。

Song Division會前往大會，協助各團隊以大會的主題為基礎，寫出並演唱原創的歌曲。這需要他們的創意、大家的團結合作，才能讓來賓釋放他們內心的搖滾巨星。在體驗即將結束之際，每個團隊都會演唱他們的歌曲，並由專業樂隊伴奏。

安迪發現，這些體驗會明顯改變氣氛。有時當兩間公司因為惡意收購而合併，就可以請他們來創造這種體驗。人們走進室內的時候，都既害怕又怨恨，但音樂體驗讓大家可以表達自己，同時也為必要的嚴肅對話做好準備。

假如你跟我認識的許多人類似，你可能不太相信自己應該刻意加入音樂成分，找個DJ過來不就夠了嗎？且讓我們考慮一下其他因素吧。

唱歌，本就是生活的一部分

歌唱是生活的一部分。想想看，我們生活中有那些場合會唱歌？我以前當過敬拜牧師，所以知道歌唱占了教會聚會的一大部分。顯然《聖經》教我們唱各種歌——讚頌、感恩、哀悼的歌。但歌唱並不專屬於教會。

我們會在生日派對和卡拉OK包廂唱歌，就算唱得五音不全也無所謂。大多數人都覺得在浴室、車上、演場會唱歌比較自在——只要沒人聽見就好。

而在美國的體育賽事上，唱國歌也是稀鬆平常的事。而且當支持的隊伍獲勝，人們都會喜悅的又唱又叫。皇后樂團（Queen）的歌曲《我們是冠軍》（*We Are the Champions*）會永垂不朽，是因為我們都喜歡贏的感覺。

我們在葬禮上也會唱歌，《奇異恩典》（*Amazing Grace*）大概是人類史上最紅的歌，畢竟它在無數墳墓旁被唱了上百萬次。

邊工作邊唱歌，和主題曲

對某些工作來說，唱歌也是很平常的事。例如水手會唱船歌，有些船歌後來成為熱潮，得歸功於電影《漁民的朋友》（*Fisherman's Friends*）以及TikTok上的潮流——甚至有人因此得到唱片合約。過往的非裔奴隸會唱靈歌、士兵會邊跑邊唱，工廠工人也會吹口哨。

但對大多數人來說，我們在工作時只會聽到公司的廣告歌，或是在背景播放的罐頭音樂。你喜歡的公司或產品有廣告歌嗎？想想看，你有沒有聽到這首歌：「Ba-da-ba-ba-ba. I'm loving it.」[2]？

但為什麼邊工作邊唱歌的白領工作者這麼少？我很好奇的是，對社會的某些部分和某些文化來說，歌唱是很稀鬆平常的事情，但其他地方就不是這樣。

我曾在肯亞住過七個月，種植園的工人會邊走邊玩邊唱歌，下班後聚會也會唱。但我在美國開商務會議的時候，好像沒人鼓勵我們唱歌，除了〈生日快樂歌〉以外。

你覺得為什麼？

二〇一五年，我們的年度大會「社群媒體行銷世界」舉辦期間，我決定做個實驗，看看

2　編按：麥當勞的廣告主題曲。

行銷人員會不會加入合唱團獻唱。結果我驚訝的發現，每年都有一百人報名參加合唱團。他們告訴我，他們因為歌唱而得到了巨大的喜悅，而且還能發揮音樂天賦。

人們不在職場上唱歌的理由之一，是因為我們覺得這樣不得體，或沒有建設性。可是假如我告訴你，唱歌可以幫你想出最棒的點子、改善團隊合作、減少人員流動率，那麼你會怎麼做？這種實驗我做過好幾次。我們試著在工作時，替未來產品上市想出一些新點子。為了讓大腦轉動，我決定坐下來，邊彈鋼琴邊唱歌幾分鐘。我知道研究顯示，音樂會啟動我們日常思考和對話時不會用到的部分大腦。我想看看這樣會發生什麼事。

我只邊彈邊唱了十分鐘，就拿出紙筆，開始用嶄新的眼光看著資料。**並在二十分鐘內，我就寫滿了整整五張紙的點子和想法**。我是個有創意的人（有些人說我是「點子工廠」），但就連我都很驚訝自己能想出這麼多點子。

上述經驗只能算是趣聞而已，不過曾任迪士尼創新與創意主管的鄧肯．沃德爾說過：「我曾問過大家，結果大多數人都跟我說，他們在淋浴時能夠想出最棒的點子。他們也說自己只在淋浴時唱歌。很巧吧？」

想想電影配樂，你就知道差異

你曾經試過用靜音觀賞自己熟悉的電影嗎？這樣就沒那麼震撼人心了。你可能知道故事和對白，但音樂和音效都會轉變你的體驗。所以片廠才會重金禮聘如約翰·威廉斯（John Williams）、漢斯·季默（Hans Zimmer）等作曲巨擘寫配樂，以配合每一秒的對白。

我跟活動音樂學家約翰·維塔萊聊天時，他曾建議，活動籌辦人要用電影配樂作曲家的心態來舉辦大會和活動。他鼓勵我們，與其斤斤計較每一秒，還不如思考每個場景或每個時段。我們的目標，是策劃每次體驗，讓它配合自然的情緒歷程。

「活動製作人通常把音樂當成最後才要處理的項目，把它丟給視聽廠商傷腦筋。何必這樣呢？音樂是最有效的方法之一，能夠在情感上聯繫參加者，並且加強一個節目的所有組成要素。」——約翰·維塔萊，活動音樂學家，Brain Music Labs 創辦人

以晝夜節律為例。我們的心情、能量、動力，在早上、中午、晚上時都不一樣。我們播放的音樂應該配合這件事，並鼓勵大家抱持我們想要的心境，讓學習、交際、創意或深度思考都能最大化。但你該從哪裡起頭？絕對不是你喜歡的樂團或風格。節奏是基礎，**節拍越快，人們就會越焦躁**。你應該在八十BPM（beats per minute，每分鐘的節拍數）的節奏範圍內創造放鬆的環境（只比來賓休息時的平均心率快十到二十BPM）。

一旦你知道你想要的節奏範圍，接著請思考受眾的心理變數。如果你的受眾年齡介於

二十五到六十五歲，但其中三十五到四十五歲的北美女性占多數，那麼你就可以開始尋找他們在十二到二十二歲時會聽的音樂類型。年輕人會覺得這些歌曲令人聯想到「快樂」，而年長者會覺得它們令人聯想到「想要改變世界」。你正在試著利用哪一種情緒？

說到音樂，活動籌辦人所犯的最大錯誤之一，就是**只告訴視聽製作公司想要哪種音樂，卻沒給意見或指示**。在這種情況下，大多數音訊工程師會問：「你要一九八〇年代還是一九九〇年代的音樂？」他們會找出一份歌單，然後就放著不管了。這樣一來，活動現場可能會放錯歌，害大家的心思沒放在活動上，只顧著聽音樂。

你可能犯的另一個錯誤，就是放了太多有歌詞的樂曲。我並不是建議你全都放古典樂或爵士樂，除非你的活動剛好適合這些類型。如果歌曲的風格和時機都正確，你應該找樂團演奏樂器的酷炫版本，或者請DJ找到純樂器演奏的編曲，以配合你想要的氣氛。

理由如下：**歌詞可能會在人們的腦中產生次要的對白**，這違反你的目標。有時候有歌詞的歌可以為活動流程錦上添花，但它們也可能輕易破壞活動。

如果你不知道怎麼做這件事，那就考慮僱用一位音樂總監或DJ，他要能夠理解你的活動目標，擬定正確的計畫，以強化參加者的心理和情緒歷程。

警告：別只挑你自己喜歡的音樂。就算你也是目標受眾之一，還是務必找外人確認你是

否挑對歌。音樂是非常個人的東西，人們很難察覺自己的偏見。

見解二：讓音符釋放我們內心的孩子

在「社群媒體行銷世界」開辦第一年，我們決定辦一場卡拉OK之夜。我們並不確定有沒有人會來，隊伍一開始確實也很短，但等到幾位演講人上臺之後，就有數十人報名。大家都想上臺，我們只好讓他們「良性競爭」一番。有人甚至想賄賂我，讓自己的順序排前面一點！為什麼會這樣？因為**人都喜歡被看見和聽見，唱歌能把我們內心的孩子引出來。**

拘束、尷尬的困境

不過，不是每個人都喜歡唱歌。有些人不敢唱，因為唱歌令他們覺得尷尬。他們可能歌聲不好聽、不知道這首歌，或覺得不容易開口。

我曾在教會擔任主領敬拜者超過二十五年，看過無數人（尤其是男人）在我們唱歌時雙手抱胸，就像在說：「你有膽就逼我唱啊！」另一方面，我們可能也怕自己的歌聲會被網路上的人聽見。

我意外成了網紅那天

我曾是網路紅人。其實我根本不想紅，但我還是紅了。好啦，我說自己被瘋傳然後爆紅的部分是開玩笑的，但我真不希望別人也像這樣出名——就連我恨之入骨的人也是。

二〇一四年，我替大會寫了一首歌，因為我喜歡這麼做。我本來是想搞笑的，卻學到了慘痛的教訓：我沒那麼好笑。從此以後我下定決心，每一首歌都要找人合寫。合寫歌曲是個美好的範例，展現出音樂如何產生羈絆，並且充分發揮集體創意。

那首歌叫做《我們來社交》（*Let's Get Social*）。我請一位來賓幫忙唱這首歌，因為我的歌聲唱不動它。可惜的是，我並沒有請她唱成搞笑歌，結果這首歌變得很嚴肅。

此外，我還做了一個很糟糕的決定：我負責饒舌的部分。我的饒舌技巧在青年夏令營可能還唬得了人，畢竟那本來就是要用模仿的方式來搞笑，但從那時至今已有數百萬人告訴我，我應該把饒舌的部分交給專業的人。

大會結束後，我將這首歌發表在我的個人頻道，因為我們當時沒有商用 YouTube 帳號。結果幾天之內，這首歌開始被瘋傳，網友開始抨擊我和我們的公司。受到這麼大的誤解令我十分受傷，但我依然堅信音樂在大會中扮演了重要的角色。

而且，我也沒有因為這個挫折，就打消替大會編寫原創主題曲的念頭。我反而下定決心，以後一定要寫出非常棒的歌曲，而且演唱人一定要很出色，所以我們首次組了合唱團。

我們寫過一些非常棒的歌曲，並且與聖地牙哥、洛杉磯、亞特蘭大、納許維爾等地的得獎作曲家合作。我知道不是所有人都喜歡我們的原創主題曲，或我們演的音樂劇（這個我們稍後詳談），但這是我們獨特的地方，現場演奏就是我們的標誌性特色。

如何鼓勵大家在活動唱歌

我們該怎麼鼓勵大家在活動中唱歌？第一，把大家的讚頌之詞唱成歌。慶祝生日、特殊成就或里程碑。把它寫成一首大家都會唱的歌。

第二，想出一首主題曲，讓大家學起來然後一起唱。薩凡納香蕉棒球隊的賽事中，《嘿，寶貝》（*Hey, Baby*）這首歌會在三個不同的時間點播放。等到第三次，大家就會站起來邊唱邊跳，即使他們不知道這首歌。

第三，考慮組個活動合唱團。谷歌、臉書、波音（Boeing）、領英等公司都有合唱團，因為這對健康、社交和心理都有益。琳賽・鄧普西（Lindsay Dempsey）是Ella Vate公司（以前叫做Sing at Work）的創辦人，她發現員工如果在職場和大會上一起唱歌，就能重新發現自己的聲音，這對他們來說有巨大的助益。在我們的大會中，有幾位受過訓練的樂手（現在成為行銷人員）告訴我，他們從未發現融合自己技巧的方式，直到在合唱團中獻唱。

琳賽是受過訓練的歌劇歌手。她的團隊與一間公司的執行長合作，讓後者透過歌劇的宣敘調來傳遞他的年度願景。他的員工對此印象深刻，而這也成為既難忘又值得分享的一刻。

第四，觀察你旗下的人才，看看有什麼可能性。二〇一五年，我注意到我們旗下不少人有音樂劇背景，還有一個人曾在麥迪遜大道[3]寫過文案，並且喜歡替音樂劇作詞。於是我們決定以《綠野仙蹤》（*The Wizard of Oz*）為基礎，試演一部諧仿劇。結果我們博得滿堂彩。後來繼續演了五年。

我們還發現另一件事，就是在團隊中，有不少人以前是職業樂手。於是我們決定組成全明星樂團，讓這些樂手聚在一起唱幾首歌。

辦活動的技術

試問：你該怎麼在活動中，加入更多的音樂和歌唱環節？

練習：認真思考，如果這樣做的話能促成什麼改變？請列出一群你覺得能夠使這件事成真的人。

3 編按：從一九二〇年代起，這條大道逐漸成為美國的廣告業中心。

第十三章
別只把自己當個辦活動的

我永遠忘不了一九七〇年代學唱麥當勞廣告歌的挑戰。還記得大麥克的廣告曲嗎？我過了五十年後依然記得[1]。其中「獨特醬料」這個詞，有令你更好奇它到底是用什麼做的嗎？

我女兒前陣子開始在家附近的一間餐廳工作。他們的招牌菜之一是雞翅，但醬料並不是

1 編按：類似臺灣麥當勞自二〇一四年以來的大麥克主題曲挑戰，關於作者所提及之一九七〇年代廣告，請掃描下方 QR Code。

水牛城醬（Buffalo sauce），而是他們自己發明的「奧古斯丁醬」（Augustine sauce）。光是這個名字就已經令人夠好奇了，我一定要問問它的來頭，卻沒想到它是獨門祕方！

一九四〇年代到一九五〇年代，華道夫－阿斯多里亞酒店（Waldorf-Astoria hotel）有一份紅絲絨蛋糕的祕密食譜。傳說有一位賓客想要這份食譜，於是主廚真的把食譜寄給了她——只是還加了一張三百五十美元的帳單！

這位顧客很火大，於是把食譜分享給所有她認識的人，以及一整臺公車的陌生人。所以我奶奶拿到了這份食譜，結果我們每年生日蛋糕都吃這個。它已經不再是祕密食譜了，但我很確定主廚對糖霜的做法還是留了一手。不過，我的奶奶和媽媽還是用大量的奶油解決了這個問題。你流口水了嗎？你的祕密醬料或材料，應該要能夠勾起受眾的食慾。

有沒有發現，許多人都宣稱自己知道該怎麼在喧囂的世界中脫穎而出？他們大多數人都只會教你：比競爭者好一點、大聲一點、不同一點。但這基本上還是在玩老把戲，就像彼此競爭的現成麵包公司，雖然都是麵包，但他們之中沒有人能跟高品質的手工麵包競爭。

創造新類別，就沒人和你一樣

你的目標，應該是創造全新的類別。

斯里尼瓦斯・拉奧（Srinivas Rao）寫過一本書《別讓平庸埋沒了你》（*Unmistakable: Why Only is Better Than Best*）。書中他提到，我們都是斑馬，而每隻斑馬的花紋都不一樣，但你真的想要在一群斑馬中脫穎而出嗎？在一群「斑」門弄斧（對，我故意換字來調侃斑馬）的斑馬中當一隻長頸鹿，應該會好很多吧！

還記得傑西・科爾和薩凡納香蕉棒球隊嗎？他們可不認為自己是跟棒球隊競爭，他們明白自己是娛樂公司，但他們沒有直接競爭者。除了他們，還有誰敢自稱「哈林籃球隊（Harlem Globetrotters）和世界摔角娛樂（WWE）在棒球場上碰頭，再加上一點迪士尼和賈伯斯（Steve Jobs）的混合體」？

傑西的使命，就是每場球賽都要做些球場上從未做過的事情，只為了娛樂他的粉絲。而你可以為你的事業做些什麼，使你成為截然不同的類別？以下是一些幫你起步的建議：

1. 了解你的競爭者

我們大多數人，都只拿自己跟產業內最接近的競爭者比較。

這不一定是壞事，但這樣你很難找到靈感。假如我們只專注於打敗競爭者，還是可能會輸，而且到底誰才是我們的競爭者？

我是幹活動這一行的，所以我就拿這個產業當例子。二〇二〇年四月，虛擬活動開始迅速發展，而我們從二〇〇九年就已經在辦虛擬活動了，結果突然間，大家都變成獲得認證的「虛擬活動專家」。

我和我的團隊參加過太多虛擬活動了。雖然我們不喜歡這些活動，但它們就是以各種形式存在於此。我們的競爭者之一就是虛擬活動。

但我們也跟各種娛樂形式競爭。無論電影、演唱會、體育賽事、YouTube和TikTok的影片，我們的顧客都是在各種地方尋求娛樂、教育和令人分心的事物，結果他們就慢慢習慣了高品質的製作和娛樂價值。

馬丁・弗雷特韋爾經營著一間名叫「Fyrelite」的公司，當每個人都轉向一邊發展時，他卻決定要轉向另一邊：**他並沒有把活動越辦越大，而是決定聚焦於為精心挑選過的賓客，安排親密的交際晚餐**。

他藉由精挑細選的食物和縝密安排的對話，打造出絕佳的體驗。他的顧客（通常都是位高權重的高階主管）對他的活動讚不絕口，而且成為常客。馬丁成了很好的範例——**你的目標不應該是與人競爭，而是做好你自己的事情**。

2. 在意想不到的地方尋找靈感

你會花多少時間閱讀和觀察你產業外的資料？

我鼓勵你好好改進這件事。至少花費三〇%的時間來研究跟你的產業無關的主題。所有事情都有關聯，你或許還能在這段過程中發展出最棒的構想。

「我並不希望讀者都不讀現代的書。但他假如只能從新書或舊書中選一本，我會建議他選舊書。」——英國作家C·S·路易斯

我寫這本書時發現，烘焙是很好的比喻，後來我至少跟五位烘焙師見過面。他們每個人都啟發了我，並讓我發現自己可能永遠無法悟出的見解。我對烘焙手藝與其背後所下的工夫，都產生全新的尊敬之情。

你可能想知道該在哪裡尋找靈感，但其實只要跟著你的好奇心就好。

如果你對某個東西有興趣，那就去學習那個主題或人。比方說，傑西·科爾發現華特·迪士尼是很棒的靈感來源。於是他讀了所有能讀到的書，一有機會就去訪問認識華特的人。

你還可以在哪裡尋找靈感？每個人都向華特·迪士尼、P·T·巴納姆（P.T. Barnum）和賈伯斯這種人看齊，以追求有創意的靈感。但我鼓勵你去尋找意想不到的來源——如果你願意接受挑戰的話，不妨先找個至少一百年前的來源，再找一個文化跟你截然不同的來源。

我們所生活的世界，**一個點子只要六個月就過時了**，但你所尋求的靈感種類並沒有受到

這個限制。人類自從會生火後就開始在創造體驗了。

3. 結合已知，創造未知

雖然太陽底下沒有新鮮事，但我們還是能用獨特的方式結合事物，以創造全新的類別。

就拿匹克球（Pickleball）當例子好了。它就只是把乒乓球、網球、羽球結合在一起，再加上一些有趣的規則。我小時候後院就有一座運動場，所以我打了好幾十年的匹克球，但我始終認為它是小孩子在玩的，並沒有認真看待它。現在我才知道，有一群職業選手是靠匹克球錦標賽賺錢的！這真是個全新的類別。

二〇一六年，我注意到公司旗下許多演講人和產業領袖，都有很硬的音樂劇底子。於是我們決定以《綠野仙蹤》為基礎，創作一部迷你諧仿劇。從沒有其他人曾經在行銷活動中現場演奏音樂，更別說演音樂劇了。

好吧，直到二〇二二年為止是如此。後來有一群人透過群眾募資創作了一部音樂劇，叫做《加密貨幣：音樂劇》（*Crypto: The Musical*）。

我們之所以開始在現場演奏音樂，是因為我就是爵士薩克斯風手，而我們的執行長覺得，這對我來說是很酷的發揮機會。幾年後我們才明白，現場演奏、原創主題曲以及其他娛樂形式，就是我們獨特醬料的一部分。雖然不是每個人都喜歡活動的這部分，但我們會一直做下去，因為這就是我們DNA的一部分。

你可以結合什麼東西，讓你的活動變獨特？

4. 考慮你的獨特優勢

你知道你的團隊有什麼獨特之處嗎？你是否盤點過職員的熱情、技能和興趣，看看他們的動機是什麼？請找出可以點燃他們的事物。看看你是否能找到一些隱藏天賦或祕密優勢，能夠使你跟任何競爭者都截然不同。

我非常喜歡西南航空（Southwest Airlines），搭飛機時都盡量選它。最大的理由是，我很喜歡空服員給我的驚喜，雖然有時候它跟其他航空公司一樣，都只是平凡的體驗，但通常都會有一位空服員突然唱首歌、饒舌一段，或是演一段喜劇。

西南航空鼓勵職員運用自己的熱情和天賦改善賓客的體驗。這不只是才藝表演或尋找隱藏技能，也是在弄清楚一件事：**將團隊的技能和熱情結合起來，會如何使你們與眾不同？**

我目前隸屬於一個新教會。這個教會不到一百人，但總共有十三位職業諮商師，還有四個人正在念研究所，準備成為有執照的治療師。

既然助人事業的人才都集中在這裡了，教會的領導階層遂提出這個問題：「這樣產生了什麼可能性？」我們已在尋找方法，服務那些在教育過程中受到壓力因素影響，卻負擔不起長期諮商的教師。

把你所有技能跟人格做成一張表格，再看看你發現了什麼。

「這樣產生了什麼可能性？」這可能是你最具解放性（也最有挑戰性）的問題之一。

5. 你真正的產業是什麼

我在前文有間接提過這個問題，不過特別把它列出來討論是值得的。

以我來說，我認為我屬於活動和教育產業。不過真相是：我屬於娛樂產業。人們來參加我辦的活動，並不只是想要學習，也是想要獲得在家裡無法獲得的體驗。假如我沒有實現這個承諾，他們就會失望的離開。**最好的狀況是他們不會再來，最差的狀況則是，他們會叫所有朋友都不要來。**那你呢？你屬於什麼產業？

假設你是牙醫。那麼你的事業是清潔牙齒，還是使人歡笑？

如果是使人歡笑的話，誰是你的競爭者？答案是電影、查克起司餐廳（Chuck E. Cheese）、迪士尼、喜劇演員。假如他們是你的競爭者，你該怎麼經營出自己的特色？

辦活動的技術

試問：你的團隊有哪些獨特技能和特質，能幫助你替顧客創造獨一無二的體驗？

練習：從本章五個原則中挑一個出來，並且透過腦力激盪想出十種方法，將這個原則應用於你下一場活動。

我再重複一次這五個原則：

1. 了解你的競爭者。
2. 在意想不到的地方尋找靈感。
3. 結合已知以創造未知。
4. 考慮你的獨特競爭優勢。
5. 自問你真正的產業是什麼。

第十四章

任何交流，都是一種行銷

我永遠不會忘記，二〇一九年我在義大利參加 Haute 社群的「祕密家庭團聚」。不只是因為它展開了最史詩級的旅程，也因為我為了踏上這段旅程費了好大一番工夫。那時，我必須大幅修改計畫，才能重新安排行程，並要在兩週內辦好護照。不過我們共享的體驗是無與倫比的。短暫停留於冰島看極光，在比薩斜塔的陰影下吃義大利麵。還去採松露、做披薩、榨橄欖油。我跟大家產生了好幾十次難忘的對話，也建立了長久的友誼。

回家後，我有好幾週都持續在網路上發表心得，我就是忍不住。沒有人要求我這麼做，我只是很想分享我學到的課題，以及我們的經驗。

你有沒有想過，身為活動籌辦人所做的決策會如何影響銷售？在許多組織中，活動規畫和行銷是分開的，所以看似無關。而我好幾年來都是這種感覺，直到得到以下啟示：**製作一場精彩活動，就是最棒的持續行銷**。分享度很高的活動，便會增加資訊保留率和人們的錯失恐懼症。

行銷基本知識：對的訊息＋對的受眾

我不是行銷人員，但我跟行銷人員共事了好幾十年。我不只替一間行銷教育公司效力了十三年，整個生涯中也曾替其他行銷人員效力過。我已經耳濡目染了。以下是幾個課題，我鼓勵你應用於自己的活動：

1. 認識你的受眾

我們在第十一章討論過這件事，但我再次強調，你絕對要把活動行銷給對的人。**如果你的核心受眾不在乎你講的東西，就必須設法吸引那些在乎（或應該在乎）的人**。當你深入了解你的活動是為誰而辦，就更能琢磨你的訊息。

我在Digital Wichita擔任過七年的董事，它是位於堪薩斯州威奇托市的非營利教育機構。二〇二二年，公司決定將活動的重點放在個人品牌上。

起初我們的訊息只打算吸引創業家和業主。後來我們慢慢發現，有許多員工也很在乎他們的個人品牌。於是我們追加了一些演講人，他們深知員工為什麼在乎個人品牌，所以能夠就此主題產出一些內容。接著我們開始拿這個當賣點，結果銷售量立刻就提升了。

2. 凸顯受眾在乎的事

如果你對受眾知之甚詳，就能夠**談論他們在乎的事情，而不是你覺得重要或很酷的事**。事實上，假如你談到自己希望他們會有哪些改變，可能會嚇跑他們。來賓固然很在乎成果，但這段過程可能感覺很吃不消。

每年的社群媒體行銷世界大會，我們幾乎都會在開幕前和閉幕後詢問受眾：他們對大會的優先考量是什麼？即使我們是在討論怎麼拓展人脈，他們最優先的事項卻是學習。事實上，我們的參加者有將近八〇％都以此為優先事項。

我還知道一件事實：來賓在活動結束後會談論人脈、關係和體驗。他們可能會記得一些學習時的趣聞，但他們真正珍惜的是社群。

不過，我們在行銷時不能過於聚焦這件事，除非對方是老主顧。我們傳遞給老主顧的訊息，會以「夏令營尬上商務大會」的感覺為訴求。對於所有潛在顧客，我們都把重點放在學習機會。你知道你的受眾真正在乎什麼嗎？

3. 持續實驗並研究資料

在我開始跟行銷人員合作之前，我以為行銷的重點在於超強的創意。沒想到，**行銷是創意和分析各占一半**。好的行銷人員會持續實驗，才能將對的訊息傳達給對的受眾，以滿足他們真正的需求。這需要獨創力、堅持不懈，以及仔細留意資料。

當我在伊利諾州欣斯代爾鎮協助設立教會時，我們的傳單是用郵寄的。這似乎有點違反直覺，畢竟大多數人總是會把垃圾郵件扔掉，但當我們開始看見人們現身，而且有幾個家庭因此加入教會後，我們就決定持續投入金錢在這個戰略。光是多讓一、兩個家庭加入教會，我們的活動就回本了。

行銷時，你不能太拘泥於自己的構想。你可能覺得它很出色，但假如你的顧客不在乎，它就不重要。同理，也不要預判構想。某件事對你沒用，並不代表它對你的受眾也沒用。

4. 形成策略性夥伴關係

夥伴關係可能會成為很優秀的行銷形式。無論是透過隸屬關係、贊助商協議或正式的行銷夥伴關係，都能藉由與別人結盟來提高活動觸及率，只是你得搞清楚自己在安排什麼。

當你第一次辦活動時，這樣做是特別有價值的。到了某個時點，你的策略性夥伴會失去興趣，或可能發現他們為活動帶來流量的能力不如以往。你要**尊敬忠誠的夥伴，但也要察覺**

自己什麼時候該獨立自主。

5. 與來賓的溝通，也是一種行銷

如果顧客想要充分利用你的活動，他們就必須在對的時間和地點獲得資訊。當你提供這些東西，就能讓賓客放鬆，並持續沉浸於你設計的體驗。假如他們很困惑或迷失，就會花更多精力聚焦於後勤，而不是體驗。這樣會導致挫折感，並可能產生負面的體驗（和評價）。

請你的行銷團隊幫你設計策略性溝通計畫。當參加者想要及時獲取資訊時，就滿足他們的需求。我們發現，**並非所有人都會查看電子郵件，所以你得準備多種獲取資訊的管道**。包括私人網站、手機 App、社群媒體、甚至紙本指南。

寧可溝通過度，也不要溝通太少。有些人讀了所有你寄來的東西之後，可能會覺得很煩，但大多數人都只會看到你的部分訊息，並對此感到開心。

二〇二二年，我們團隊中有些人參加了 Web3 空間的幾個新活動。這些活動對參加者的溝通都太少了：有場活動只寄了一封電子郵件，而且是活動開幕前三天才寄的，結果大家都急著想了解情況。這種感覺非常雜亂無章、沒有條理。

你的賓客肯定會感謝你的清楚溝通，而且這樣一來，你甚至得在活動還沒開幕之前就開始建立社群。當人們有了很棒的體驗，就會開始談論你的活動。

社群媒體七大祕訣

我在第八章討論過，社群媒體將如何幫助你在活動中建立社群。它也能夠將你的活動行銷給目前和未來的顧客。以下是一些額外的祕訣：

1. 慎選平臺

假如你是替航空工程師或腦外科醫師辦活動，那麼 TikTok 應該就不是你該聚焦的地方。你要弄清楚，你的受眾把大部分時間花在哪裡。

為了了解這件事，你可以研究目前使用模式的數據。我不會分享任何數據，因為等你讀到這本書時，它們早就過時了，不如直接去問受眾。或許你可以在報名時或是報名後做個簡短的問卷，詢問他們使用那些社群媒體平臺，然後再多問幾個你想到的策略性問題。

2. 使用主題標籤

你無法用版權來保護主題標籤，所以務必調查一下，有沒有人正在用你打算用的標籤。

當我們替「二〇二二年加密貨幣商務大會」（Crypto Business Conference 2022）構思主題標籤時，我們以為「#CBC22」是很合理的選擇，沒想到有一大堆活動、教會和社群都在用這個主題標籤。雖然別人跟你用同個主題標籤不一定算是個問題，但你要確定它的使用率高峰期不會跟你的活動重疊。

等你選好主題標籤後，就要透過所有溝通管道讓大家認識它。請你的職員變更他們的社群用戶名，將這個主題標籤包含在內（這在推特上的效果特別好）。

為了處理大型活動的顧客服務問題，我建議使用子主題標籤（sub-hashtags）。舉個例子，假如你的活動主題標籤是「#ABCD2024」，你的顧客服務主題標籤可能就得是「#ABCD2024help」。

此外務必派一支團隊監控你在各平臺（也就是受眾會發文的地方）的所有主題標籤。如果有使用監控工具的話，這件事會簡單很多。請持續警戒「搭便車洗版魔人」（spam riders）——這些人會等待熱門的主題標籤、然後用你的標籤張貼各種廢文和色情內容，以博取額外的目光及流量。

有時你可以檢舉這些垃圾貼文，但要記住，你的活動主題標籤並不屬於你。它是可以被免費借走的。

3. 製造很酷的拍照機會

這年頭，每個人都是攝影師。整場活動你都會看到大家在張貼照片或自拍。請給他們拍照的理由：讓你的視覺值得被拍、創造大家會想拍照的地點（例如拍貼機），你甚至可以辦場競賽，讓大家用特定的主題標籤來分享活動照片。

假如你已經有精彩的內容、有趣的人們和體驗，應該不必太辛苦就能讓大家分享你的活動。但是犒賞最活躍的社群成員，對你來說也沒損失。

我們之前跟布萊恩・范佐（Brian Fanzo）見過面。我們邀他擔任我們第一場活動的演講人，因為他一直都是頂尖的推特名人。結果發現他引以為傲的座右銘是真的：「我講話很快，但發推特更快。」他的用戶名是「@iFanzo」。

4. 凸顯貼文

請你的社群媒體團隊做好準備，整場活動都要凸顯與重新分享熱門貼文。有種聰明的方法，是設立社群留言板，讓你能展示這些照片和貼文。大家都很喜歡被看見。

5. 監控與調解

除了創造和分享有趣的內容，你的社群團隊還有另一個重要的工作：你需要他們找出有問題和不滿的賓客。我們發現，**大家比較喜歡在社群媒體上抱怨，而不是去找工作人員**。

有一年，有社群成員抱怨其中一位賓客在跟蹤其他來賓。成員發給我們一張照片，於是我們派人去搜捕，直到跟他對質時，才發現他根本沒買票，所以毫不猶豫就送他離場了。

6. 提供 Wi-Fi

如果可以的話，請整場活動都提供免費的 Wi-Fi，尤其是如果你期待大家分享他們的體驗，但又無法確認每個人的網路訊號與用量時。

不過我要先警告你，上千人的 Wi-Fi 服務可能會花掉六位數的金額（在此指美金），尤其如果這個場地的 Wi-Fi 供應商只有一家的話。只要會場的訊號不至於太差，最好還是請大家用自己的網路。這種成本看似不能省，但你去算算看就會改觀了。如果你的活動有外國賓客前來，請務必教他們怎麼連上 Wi-Fi——假如你沒提供的話，就請幫助他們連上本地的網路訊號。

7. 謹守你的九十天計畫

我在第十一章有提過艾琳・加根・金的九十天社群媒體計畫。活動前、活動期間、活動後的計畫都要很清楚。有個重要的課題，就是讓不同的團隊負責不同的階段：你的現場團隊在活動結束後一定累垮了，所以最好讓別人準備好在這個階段接手。

值得分享的事物，就有免費宣傳

「『離線體驗』是不存在的，因為每次體驗無論發生在何處，都能被口袋裡的智慧型手機拍下來，再立刻分享給全世界。」——丹・金吉斯（Dan Gingiss），《體驗製造者》（*The Experience Maker*）

我們在上一段討論過，該怎麼讓大家更容易在社群媒體上分享事物。現在我們來討論該怎麼創造值得分享的時刻。

你可能會說，這整本書不都是在講怎麼創造這些時刻嗎？但有些記憶是更個人化的，有些記憶則不一定值得分享。

以下是一些概念：

1. 讓你的活動華麗閉幕

無論是室內煙火秀、郵輪上的大型派對，或是全世界最盛大的簽名會，都要做到一件事情：**讓大家不僅談論它，還會想分享給朋友**。

這件事越意想不到、越不尋常，他們就越可能分享。假如你能讓它既有邏輯又個人化，整件事就會烙印在來賓腦海裡。假如你能讓它極度視覺化，就會被分享很多次。

2. 做原創的事情

憑藉你的社群和文化，創造出真正原創和難忘的事物。

我永遠忘不了美國人才發展協會（American Talent Development，簡稱ATD）某場活動中，有一群人創造出全世界最大的鼓圈。他們教我們怎麼演奏自己的部分，接著把我們整合在一起，所有參與者最後形成一段節奏。

這過程很好玩，但他們接著就認真聽取我們的體驗，我們也因此學到許多關於「團隊合作和聆聽之價值」的課題。

至於我們的活動，我們曾經寫過原創歌曲、演出諧仿音樂劇、還僱用了一位TikTok上的藝術家，在活動進行到一半時現場作畫。在某些場合，我們曾經創造出快閃時刻：舞者突然冒出來，帶給受眾驚喜與歡樂。

3. 邀請講者和名人參與關鍵時刻

如果你的來賓很想跟演講者見面，那就創造時刻、讓這件事更容易發生。或許可以找一間書店辦簽書會，或是擺個親筆簽名的攤位。你還可以策略性的邀請講者，在賓客抵達時出現於報名區。還記得迪士尼怎麼讓公主出現在小女孩生日會上的嗎？假如你請演講人突然現身、替其中一位賓客慶祝某件事，該有多棒呢？

只有極好和極差的事會被分享，你想當哪種？

你有聽過「分享就是關心」這句老掉牙的話嗎？其實這句話是真的。人們終究會將他們喜愛與珍惜的事物分享給朋友和家人。關心之情會驅使人們將自己得到的重要教訓與經驗告訴別人，他們可能會透過社群媒體做這件事，或只是在日常對話中說故事。

我們就坦白一點吧。**人們最可能分享正面和負面的經驗，卻不會分享中性的「無聊」時刻**。只要你維持對受眾的善意，他們就更可能分享正面經驗。請務必請一支團隊，找方法將負面體驗轉變成正面的回憶。

如果你一直做對的事，就會產生威力強大的效果。我永遠忘不了自己辦了幾年活動之後，那時我正在聽 Podcast 的訪談，卻聽到其中某位演講人告訴主持人，他們的生涯被「社群媒體行銷世界」改變了。

事實上，這種話我聽過好幾十次了，也意識到是我們創造的體驗促成了這些轉變，因此我感到更堅定，但**這也是有史以來第一次，口碑行銷的效果超越我們所有付費的行銷手法**。

假如你能創造難忘的體驗，來賓將會分享它，甚至還可能改變他們的人生！有時你甚至會親耳聽見這回事：

羅傑．韋克菲爾德（Roger Wakefield）在聽到那位執行長接受Podcast訪談之後，於二〇一八年前來參加我們的大會。他的水電事業失敗了，需要幫助，所以他決定來碰碰運氣。由於距離大會開幕只剩兩週，他只能用原價買票。他第一天太早抵達，大門甚至都還沒開，不過他早上八點的時候又回到現場，花了幾個小時規畫為期三天的活動行程。活動期間，他的太太打電話跟他說他們沒錢了，必須結束營業。於是他幫太太籌了足夠的錢，可以再撐個幾週，然後拚命學習新知。

等到大會結束時，羅傑已決定全心投入YouTube，他每週製作三部影片，回答常見的水電問題。他很快就成為全美國人遇到水電問題時必看的YouTube頻道。

他不僅靠他的頻道賺錢。如今網路上所有人都知道他是「水電專家羅傑．韋克菲爾德」（Roger Wakefield the Expert Plumber）。他的線上事業太成功，於是他在二〇二一年下半年賣掉水電事業，並將自己的成功歸功於我們的大會。

我怎麼會知道？因為他打電話跟我說，我們的大會改變了他的人生。我們並不總是能聽到這些故事，但每聽到一次，就能讓人燃起鬥志、繼續努力。

辦活動的技術

擴大你的活動，不只是讓你能觸及更多人，也能加深參加者的記憶。每次你重講一個故事，它就會更加銘印在你的腦海。

試問：當設計活動時，你該怎麼規畫值得分享的時刻？該怎麼在規畫流程中實踐這件事？

隨堂作業：假如活動的規畫和營運是跟行銷分開的，請將這兩個團隊找來一起討論，你們可以怎麼合作以創造出整合過的方式，進而相輔相成。

觀察你的傳統行銷、社群媒體，以及活動中的機會，它們都可能成為擴大的對象。最後，想一下該怎麼將你的老主顧包含在內。

第十五章
該你上場了：現場該留意的事

我永遠忘不了二〇二〇年，我搭機前往活動會場時發生的事。那時我帶著薩克斯風在候機室等待，一位女士跑來問我是不是音樂家。我回答是，我是個爵士薩克斯風手。沒想到，她是得過獎的美洲原住民音樂家。我身上剛好帶著高音哨笛，於是她問可不可以讓她演奏它。當我們聽著她演奏絕妙的音樂時，整個候機室都安靜了下來。我從不曉得那樣樂器可以發出如此美麗的聲音。

接著她發現我來自堪薩斯威奇托，又當場獻唱一首歌──雖然她搞錯了，這首歌跟威奇托無關。這一切都發生於前往活動會場的旅程，看來這場活動會很難忘。我不禁想知道接下來還會發生什麼事？我的期待正在不斷提高。

假如大家來參加你的活動、過得很開心，卻沒有把學到的東西帶回家，那就失敗了：**這場活動有辦跟沒辦一樣，而且花掉的時間和金錢都回不來了。**

本章包含了關鍵課題：你該怎麼幫助參加者，為他們的活動體驗做好準備？

成功活動體驗的五個階段

就跟去餐廳享用附手工麵包的餐點一樣，以下是活動體驗的五個階段，你可以幫助參加者做好準備：

- **挑選餐廳**：找到適合的城市和場地，可以塑造整個體驗。
- **旅行**：有時候，前往目的地的旅程就占了一半的樂趣。
- **用餐**：每個人都期待這個體驗，但根據細節，它有可能變得難忘。
- **離開餐廳**：從帶位員到泊車小弟，你離場時的體驗就跟到場時的一樣重要。
- **回家**：假如你有一場浪漫的約會，跟對方一起享用了美味的餐點，但是在開車回家時起了口角，那麼這次體驗就毀了。你的活動也可能發生同樣的事。

讓我們來詳細探索每個階段跟活動的關係。

階段一：挑選目的地

規畫特別的晚餐時，幾乎所有工作都是在準備階段完成的。挑選餐廳、規畫菜單、安排娛樂節目、製作座位表，這些事情全都讓這個活動變得特別。同理，我認為活動籌辦人在活動開始前至少可以做五件事，讓參加者有難忘的體驗。

1. 把旅行規畫變簡單

旅行可能是參加大會時最傷腦筋的部分。以下是一些你可以做的事：

- 分享尋找班機或交通工具的方式。
- 與航空公司達成合作協議。
- 為活動指定官方旅館（一間或數間），讓參加者更能採取行動，提高機緣巧合對話的機率，因為這種對話能將他們的體驗從平凡變成真正難忘。

2. 擬定準備計畫

活動期間，許多參加者的生理需求會比平常的體驗還多，例如長時間站立和走路，因此他們必須做好準備。

認真思考你的活動。找出參加者的身體運作會跟平常有什麼不一樣。該怎麼幫他們做好更充足的準備？為了準備好我們的大會，我必須處理長時間站立和行走的問題，因此我邀請職員和志工和我一起參加 Fitbit 挑戰，每天走一萬步以上。

此外，我們總是備有防水泡貼布，並鼓勵參加者穿著舒服的運動鞋（又軟又合腳的那種）。當你要一口氣站好幾個小時，舒服可能會比時尚更重要。

3. 規畫旅程

假如你準備規畫一場特別的晚餐派對，最好事先寄邀請函，並附上重要細節與地圖。你可以協助參加者擬定計畫，提供工具給他們，讓他們自行決定行程。假如有用到手機 App，請在活動前幾週就開放他們的存取權。他們可以規畫自己要參加的節目、社交活動，以及休息時間。

過去的參加者所給的建議，都能讓現在的參加者輕易知道哪些節目和活動對他們最好。我們做的其中一件事，是舉辦活動前的網路培訓研討會，這樣新的來賓才能為自己的體驗擬定更好的計畫。

4. 提供目標指南

好的晚餐主辦人很懂受眾的目標和品味，他絕對不會故意提供會引發過敏的食物，也不會使用讓賓客感到疏遠的音樂。他想打造熱情友好的環境，以促成難忘的對話。

同理，你應該協助參加者釐清他們的目標。暗示或明示的方式都可行，這取決於活動的本質。有趣的是，我們有時在參加活動前準備得並不充足，所以這可能會花掉最多的時間。

5. 協助他們認識其他來賓

我永遠忘不了我曾獨自在一間瑞士餐廳吃飯，那時我點了起司火鍋。

請注意，在此之前我才剛在肯亞生活了七個月，那裡吃什麼東西都是用手抓，所以我忘了吃起司火鍋是用沾的，結果試著整碗端起來喝。假如我有跟朋友一起吃的話，就能避免這種尷尬了。我只好手足無措的坐在餐廳正中間，所有當地人都在偷笑我！

大多數人都希望跟別人一起體驗大會，即使他們在抵達之前不認識任何人。對於至少半數的受眾來說，這或許是活動中壓力最大的部分。請設法幫助參加者在抵達前就先交到朋友。我們已經發現社群媒體和活動 App 是兩個很有效的平臺，但你的狀況或許也會有不一樣的發展。

階段二：從出發到抵達

你是否曾搭豪華轎車去吃過晚餐？或者，是否曾經開一、兩個小時的車去吃一間特別的餐廳？所有旅途都是體驗的一部分。同理，要花好幾小時、甚至一整天（或兩天）來旅行的參加者，也會將這些體驗視為旅程的一部分。

我把旅行分成三個階段。

1. 克服混亂無序

旅行最難的部分之一，就是必須擺脫慣例和舒適圈。雖然種種阻止改變的力量可能沒那麼明顯，但它們可能還是很強烈。我們在第四章討論過，與參加者作對的力量可以用簡寫「DRIED」來表現：乏味、抗拒、孤立、疲勞、分心。

乏味：你在**活動中所能得到的最糟評論，就是大家一起打呵欠**。就連氣走大家都沒有被動參與來得糟糕。無聊的活動就跟注射一樣，意味著你無法讓來賓產生他們所需的改變。甚至花費許多金錢跟時間都在活動上，績效或行為卻沒什麼改變。該怎麼做才能讓你的活動不只是令人興奮，還有重大意義？

抗拒：史蒂芬．帕斯費爾德（Steven Pressfield）在著作《藝術戰爭》（*The War of Art*）

中，描述**所有創意活動都會遇到的三種抵抗力：恐懼、不確定性、懷疑**。這些力量**再加上厭世**，就會害我們無法投入活動體驗，甚至可能促使我們離場（無論是身體離開現場或是心不在焉）。該怎麼讓你的賓客知道他們屬於這裡？可以做什麼事情來分散他們潛在的厭世感？

孤立：人們參加大會的主要理由之一，就是希望周圍的人無論熱情、興趣、疑問皆與自己相同。不過，**孤立的感覺雖然驅使他們來參加你的活動，卻也可能害參加者無法融入大會的體驗**。你越能讓大家輕易在活動初期就認識彼此，這種感受變成負面力量的機率就越低。我們發現，只要盡力**在大家抵達後的頭二十分鐘，產生五個有意義的互動**，就能對參加者往後的活動體驗產生劇烈的影響。二十分鐘並不神奇，但它確實提醒我們，大家必須早點發生真摯的互動。該怎麼克服孤立所產生的阻力？

疲勞：「照顧好自己」是最近幾年的流行話題，但它對大會體驗有很劇烈的影響。如果參加者抵達時感覺筋疲力竭、口乾舌燥、沒吃飽或病懨懨，他們就不會投入活動，甚至還會有不好的體驗。**我們會建議來賓早點抵達，尤其是來自海外的人。充足的睡眠和水分，可以大幅改善參加者的脾氣**，這樣他們才能投入於內容、演講人、贊助商和其他參加者。你的團隊可以做什麼事情，幫助參加者減輕疲勞？

分心：社群媒體是很酷的工具。不過在大會進行中，它可能害參加者無法全心投入活動。身為社群媒體行銷活動的主辦人，我當然希望大家使用社群媒體，但當我聽到

MarketingProfs的內容長——安・漢德利（Ann Handley）——參加我們的活動後，對社群媒體追蹤者說的話，我不禁興奮起來。她大概是這個意思：「抱歉，過去三天都不在這。這幾天去參加了社群媒體大會，結果太沉浸在對話和體驗中，導致我忘了貼文。」

此外，職場或家庭方面的問題、健康考量，以及各種大小事也可能使人分心。該怎麼幫助大家遠離這些令人分心的事物，並準備好完全沉浸於活動體驗？

2. 信任保母，放下背後負擔

假如你要來一場浪漫的約會，那你就需要一位可以稱職照顧小孩的保母。否則，你們夫妻其中一人就要一直查看小孩的狀況，也就無法享受約會了。

對活動參加者來說，他必須採取一些額外的行動，才能放下職場和家庭上的大小問題。有個建議可能違反直覺，但它將會產生極大的效益。Advance Your Reach平臺的創辦人皮特・瓦爾加斯向我介紹了這個概念：**活動一開始，先邀請參加者寄一段影片或簡訊給老闆或愛人，感謝他們的支持與鼓勵**，所以參加者才能夠前來參加活動、學習新知。

3. 抵達

你是否去過某間餐廳，一走進去後發現所有員工都認得你，並且知道你的名字？我本來沒遇過，直到去了麗思卡爾頓酒店。那裡每個人都知道我是默尚先生（我老爸從來沒在這裡吃過飯，所以我有點困惑）。對於活動參加者來說，抵達時的體驗是既危險又喜悅的一刻。

為什麼危險？因為這是打造第一印象的時刻。

如果你的職員表現冷漠、分心或雜亂無章，就會讓參加者覺得自己不重要，甚至還會洩氣。相反的，假如你感覺像在恭候參加者抵達，他就會覺得自己很特別，而且就算事情沒有進行得很完美，他也知道你很關心他。接待參加者時請稱呼他的名字、看著他的眼睛，尋找意想不到的方式來幫助他。

對大多數參加者來說，抵達是規畫了好幾個月後所達到的高潮。他們既興奮又期待，但也很害怕。畢竟，沒有人喜歡「不知道該做什麼」的時刻。

來賓可能會感到毫無防備、不確定。而你的團隊可以趁這個機會介入，「讓他們開心一整天」。要做的事可能很簡單，例如設法讓新參加者參與對話、帶他去參加第一段節目、告訴他該怎麼走才能找到食物，或只是拿杯咖啡或水給他。

階段三：好戲上場

活動體驗和餐廳體驗有很多共同點，以下是幾個來自餐廳的見解，或許能幫助你的下一場活動更有影響力。

1. 專注於你的賓客體驗

我的兩個女兒都是成功的餐廳服務生和酒保，但並非所有同儕都跟他們一樣成功。差別在於，她們專注於顧客體驗。她們會持續觀察狀況，並且定期檢查。因為她們專注於提升體驗，兩人收到的小費也反映出她們對細節的注意。

在活動中，你很容易被最新的小玩意兒和酷炫科技給迷住。當你去參加一場大會，看到某人正在實驗全像攝影、LED螢幕或VR，便容易犯錯失恐懼症。

活動製作人、Worldstage公司副總裁理查．史坦瑙（Richard Steinau）表示，他收到的要求有六〇％都是無關緊要的，根本無法幫助活動達成它的使命。換言之，**這些東西會使參加者分心**，反而無法享受主菜，等同於浪費錢。

為什麼參加者會來參加你的活動？你在每個步驟都一定要問這個問題，並保持專注。如果你去了一間餐廳卻忘了吃它最有名的甜點，未免也太悲劇了！

如果你的賓客回到他們的公司後，只談論派對有多棒、科技有多酷，卻對他的公司沒有新貢獻，那麼他明年大概就無法獲准參加你的活動了。

2. 準備好應付意想不到的狀況

在烤麵包的時候，任何事情都可能出錯。因此聰明的活動籌辦人會針對所有已知問題擬定應變計畫，並且訓練職員去處理。

在我們的職員訓練進行期間，有一次火災警報不幸響起，因此我們被迫撤離整棟大樓三十分鐘，但我們也親身學到這件事真正的運作方式，不只是背誦規則，而且跟先前學到的東西並不完全一樣。雖然我不建議你捏造火災，但最好還是排練一下對火警，以及其他任何事情出錯時的反應。

3. 監控你的體能

餐廳服務生若沒有沒有定期休息，就會使自己置身險境。

我鮮明的記得曾有一次，我親眼看到女兒差點昏過去，因為她整整八個小時沒休息，餓到不行。可惜的是，有太多活動製作人也忘了休息。

我們一天工作二十四個小時，忘了吃飯、喝水，卻攝取太多咖啡因，而且沒有找時間喘口氣。怪不得有時會變得易怒，甚至對團隊成員亂發脾氣。照顧好自己對你的能力（創造你想要的體驗）來說是至關重要的。俗話說：「愛人如己。」如果你連自己都不愛的話，就無法好好愛護身邊的人。

4. 提供真正的營養（有價值的收穫）

如果給你選的話，就營養價值來說，你喜歡速食店還是坐下來慢慢吃的餐廳？這還用問！我們的身體喜歡富含營養的餐點，大腦也渴望有價值的內容。如果你提供的內容跟零食一樣，雖然很快就能吸收，卻不會產生持久的改變。

反之，你要專注於營養均衡的內容體驗菜單，接著給他們時間消化食物。《推動》（*Push*）的作者查琳・強森，會花時間替學生擬定「行銷影響力學院」（Marketing Impact Academy）的議程，讓他們實踐自己學到的東西。她可不想把他們留到深夜，結果在離開時卻沒有讓大家學到實質的重點和行動。你是否有給受眾時間反思，並開始嘗試學到的東西？

階段四：漂亮收場

你能想像新娘完全不參與規畫自己的婚禮嗎？這是不可能發生的事，但大多數情況下，你都會逮到狀況外的新郎！他似乎不認識那些扔鳥食或是對著他的車子撒五彩碎紙的人[1]，或者他不覺得伴郎必須跟著他走。

厲害的活動籌辦人，必須更像新娘，而不是新郎。他們都知道，活動直到大家回家之前都不算結束。並且心裡明白，除非大家在活動後繼續討論這段故事好幾天，否則這場活動就不算成功或是轉變人心。

以下是一些訣竅，能幫助你下一場活動更漂亮的閉幕：

1. 儲存並分類你的發現

我跟烘焙師喬許．艾倫聊天時，他談到自己替客戶尋找適合食譜時採取的學習方式。他會記錄所有他做過的事，並仔細觀察顧客對每個試吃品的反應，直到他找到適合的食譜。傑西．科爾也會每晚跟節目總召開會，檢討當天的比賽，並記錄他們學到的東西。這些都需要先見之明。身為活動籌辦人，你知道許多來賓在缺乏提示的情況下並不會思考這件事。他們或許會思考一部分，但他們很可能沒想清楚該怎麼擷取並儲存自己的構想，以便日後跟上。我鼓勵你設法將這件事變簡單。

這裡有個概念，就是按照 Velvet Chainsaw 執行長傑夫．赫特的做法去做。一場活動結束之際，他會引導參加者做一系列作業，然後引導來賓挑出自己所學到最重要的三件事，再將這些事情轉化為故事、圖片和電梯簡報（吸引人的概略介紹）。

1 編按：在美式婚禮中，根據各地區習俗，賓客會在新人離場時向其撒白米、糖果，或鳥食祈福，在新人乘車離開婚禮會場時也會撒五彩碎紙祝福。

赫特邀請參加者用各種方式分享這些學到的東西，以刺激大腦和身體將這些課題鞏固於長期記憶中。但接下來他會更進一步，邀請參加者跟另一位參加者立下約定，進行為期二十一天的後續追蹤，看看他們的實踐過程如何。

另一個概念是麥可・海厄特（Michael Hyatt）在活動中做的事。他邀請參加者擬定九十天的行動計畫，以實踐他們所學到最大的重點。他還幫助他們在離場之前擬定計畫，甚至在離場後還持續提醒。你該怎麼幫助來賓，讓他們擷取和儲存學到的重點，並採取行動？

2. 好好說再見

婚禮賓客會撒米、晚餐主辦人會送禮物、薩凡納香蕉棒球隊會唱《伴我同行》（*Stand By Me*）結束這一晚。你的活動來賓需要一個跟新朋友說再見的方式，並期待下次相聚。他們需要一種閉幕的感覺。

以下是真實告白：我有好幾年規畫活動時都沒有好好說再見，但我不是故意的。讓我解釋一下，在閉幕演講結束後，我會邀請志工和職員上臺合照。聽起來是個聰明的主意，對吧？但我們造成了無心的後果：我們並沒有跟演講人和來賓說再見，因為所有工作人員都在臺上。結果許多參加者都覺得這樣收場很掃興，於是我們在二〇一九年後就改掉了這種做法。雖然我們沒有數據證實這樣比較好，但確實多了不少笑容和對話。

3. 回家

就算你有了改變人生的體驗，回家之後還是很容易回到舊模式。混亂無序是一股很難克服的力量。但事情不一定要這樣發展。

作家凱瑞・帕特森（Kerry Patterson）、約瑟夫・格雷尼（Joseph Grenny）、大衛・麥斯菲爾德（David Maxfield）、羅恩・麥克米倫（Ron McMillan）、阿爾・斯威茲勒（Al Switzler），在他們的著作《改變一切》（*Change Anything*）中分享了「改變的六倍模型」。它很有幫助，能夠引導參加者邁向他們想要做出的持久改變。作者們定義了六個影響力來源，可能會成為改變的助力或阻力：

來源一：個人動機——你有多想要這些改變？做出這些改變對你而言有多重要？假如你沒有改變的話，會有什麼風險？

來源二：個人能力——一般來說，你必須做到目前做不到的事才能改變，為此必須學會一套新技能。這需要紀律、資源，通常還需要教練和課程。

來源三：將幫凶變成朋友——生活中的人們可能會幫助我們改變，也可能妨礙我們改變。關鍵在於找到那些會支持、鼓勵、指導和激勵我們去改變的人。

來源四：嚴肅對話——跟上述這些盟友討論你的目標，以及想改變的理由。至於那些抗拒或反對你改變的人，請降低他們對你的影響力。你可能需要暫時或永遠遠離他們。

來源五：結構性動機——這跟刺激有關。你可以為改變創造哪些刺激，讓自己一直有動機持續改變？節食的人在成功遵循計畫兩週後，或許會偷吃一次大餐來犒賞自己。如果是在學習課程，或許在完成一個學期或一個單元後慶祝一下。首要目標，是得到一些快速簡單的勝利，並且讓這些刺激既小又可以達成。有太多崇高的目標都因為缺乏動力而被遺忘。

來源六：結構性能力——也就是在現實中創造系統與變化，以促進改變。試圖戒酒的酒鬼，如果在一間有著酒類齊全吧檯的房子裡，那他絕對會喝到掛。雜亂的辦公室也可能會使有創意的作家過度分心，無法完成他的著作。鼓勵大家在自己的世界做出改變，就能提高他們做出其他改變的機率。

階段五：啟程回家

吃完豐盛的晚餐或度完假回家，感覺就像被強風吹著跑。大多數人對此都沒有準備。我還記得自己聽過《下一件對的事》（*The Next Right Thing*）作者艾蜜莉·P·弗里曼（Emily P. Freeman）反思這件事。她說，這簡直像太空人沒有重返大氣層的計畫。當然太空人一定有計畫，否則就是大災難了。但大多數人回家之後，都很少去思考以後要做什麼。結果他們幾乎沒什麼改變。活動參加者也是一樣的道理。

以下是三件事，你可以藉此幫助他們準備好回家：

1. 準備好回答問題

那些在大會中體驗到轉變的人，回到辦公室或家裡後應該會有很多問題想問。為這些問題準備好答案，就能塑造故事，並提升改變的機率。

我鼓勵你**推銷一個三十秒就能講完的答案**，其意義在於勾起好奇心，並且滿足其他所有人。有些好奇的人會想聽更多，建議你可以再多花兩分鐘回應他們，如果他們還是很好奇，就可以跟他們談得更深入。

故事會使你的推銷變得更精彩。每個人都喜歡精彩的故事，但有個問題：少了你的指引，大多數參加者都只專注於刺激或不重要的故事。

舉個例子：幾年前，有個流浪漢在我們活動的女生廁所淋浴。我們其中一位職員撞見他，於是「女廁裡的裸男」這個故事就迅速傳開了。它成為我們職員之間的傳奇故事。

但假如大家跟老闆、伴侶講的故事就只是這件事呢？或者，假如他們只談到派對有多棒，卻沒談到轉變人心的重點呢？你的指引可以幫助參加者，將對話化為邁向持久改變的第一步，並提高他們回來參加你下次活動的機率。

2. 花時間減壓

明智的參加者會在旅行時會多排一天，或是規畫一天獨處來休息並整理他們學到的事物，然後再回到正常生活。請鼓勵參加者說服他們的上司和家人同意這種做法。如果這場大會值得參加，那麼應該也值得多花一天，確保自己吸收學到的東西，並將其包含在計畫內。

3. 找時間研究，並實踐你的發現

假如所有麵包都跟垃圾一起被扔進櫃子裡，那未免也太慘了。假如「烘焙師們」沒有花時間從實驗中學習，那麼許多現代的便利設施和科技也都不會存在。事業也是一樣。

假如來賓沒有規畫該怎麼持續研究與實踐，他們的事業和生涯就不會改變。我們鼓勵參加者安排時間聆聽錄音，並且組成智囊團或同好會，這樣他們就能持續討論和分享概念。

來賓前來活動這筆投資，最後是浪費掉還是賺十倍，差別就在於是否有後續計畫。請幫助你的客人，為他們的情況找出最佳解答。

我鼓勵你，從今天起就踏出第一步。

祝你成功。

辦活動的技術

幫助參加者花費充足的時間，準備其活動體驗的五個階段，難道不是天經地義的事嗎？所以，請一開始先替五個階段各擬定一個簡單的計畫。哪個階段看起來最需要協助？請在下一場活動專心改善它。

最後叮嚀

本書已經帶你走過一整套流程，幫助你製作食譜，進而產生難忘的活動體驗。當你將活動策略化的時候，請花時間認真思考每個成分和階段。

完美的活動並不存在，但你可以辦出精彩的活動，讓大家記得好幾年。簡單來說，**你可以讓它棒得忘不了！**

附錄 來賓想逃的關鍵

來賓想逃的五個關鍵

	看法	感受	思維	關係	行動	關鍵目標
乏味	我不需要這場活動	我覺得自己被誤解	這我之前就聽過了	這些人我都不熟	我寧可去小睡片刻	轉變人心
抗拒	這遠低於我的期待	我感到警戒或焦躁	這些人都不知所云	沒有人想陪我	我覺得不知所措，我要閃了	接納
孤立	我沒有太多東西可以提供	我感到矮人一截／高人一等，所以懶得參與	我太內向了，社交場合令我很焦慮	自己一個人會比較自在	我會退縮，然後選擇獨處	團結
疲勞	所有事我都必須參與	害怕錯過所有事情（錯失恐懼症）	我可以晚點再睡就好，請再給我咖啡	跟陌生人見面令我筋疲力盡	每個活動都讓我坐著太久	刺激
分心	我不想錯過網路上的內容	活動中的各方訊息好像在比大聲，令我很困惑	我想法太多了，無法慢下來整理它們	我無法專心，因為我可能會錯過對話	訊息一直轟炸我，讓我不能好好參加活動	投入

來賓留下的五種轉變

	看法	感受	思維	關係	行動	關鍵目標
乏味	這場活動正合我意	我覺得受到重視	我很好奇	我覺得我屬於這裡	我想進步	轉變人心
抗拒	我來對地方了	我感覺受到接納和保障	有人激勵我換個角度思考	有好多值得我認識的人	我會放慢腳步，盡量多學習一些價值	接納
孤立	我相信一次對話就可能改變人生	我在尋求各種機緣	這裡大多數人都跟我有同感	這裡每個人都有值得一聽的故事	我每天都會主動開啟一些對話	團結
疲勞	當我休息充足，就會發生最棒的事	我迫不及待想發現驚喜	假如我做出正確選擇，就能以更少的時間成就更多事	與陌生人見面，使我能接觸到新的可能性	我知道怎麼管理自己的精力，所以會做好準備再來參加	刺激
分心	只要完全處於當下，就能找到最大的機會	我覺得有人授權我去創造自己的旅程和焦點	我可以創造焦點，並且花時間深入思考	當我跟每個人相處時，都可以完全保持專注	我會關掉所有通知	投入

致謝

每本書都是一場旅程。就像其他史詩級旅程一樣，我不可能一人獨行。我的身邊有啦啦隊、導師、嚮導、甚至友善的競爭者，一路上鼓勵著我。雖然無法記得每一個人，但以下是我特別感謝的人。

給本書的讀者，感謝你花時間打開這本畢生心血之作。無論你學到了訣竅，或是它使你對體驗本身改觀，我都希望你在旅程的這個階段，找到你所需要的價值。

早在二十幾年前，史蒂夫．布朗博士就第一個告訴我，我有一天會寫出好幾本書。我那時並不相信他，因為在小學拿到不怎麼樣的語文成績後，我就一直不敢寫作。史蒂夫，我想你是對的！感謝你相信我、並為我祈禱。希望我沒有搞砸！

皮特．瓦爾加斯（Pete Vargas）、麥可．波特、丹尼斯．尤都激勵我寫下自己的歷程，感謝你們一路上的鼓勵和支持。

當我在科氏工業集團（Koch Industries）被讚譽為「史上最佳教練」時，林青（Ching Lim）、華特．馬龍（Walt Malone）、迪克．安德森（Dick Anderson）都激勵我持續進步。

麥可・史特爾茲納（Michael Stelzner）給我鼓勵與自由，讓我創造奇蹟、並且寫出這本書。麥可，感謝你一直相信我。

西格倫說我心裡藏著一本書。感謝妳鼓勵我，讓我在寫作遇到困難時，能夠堅持下去。

安格斯・尼爾森（Angus Nelson）、亞當・瓊斯（Adam Jones）、麥克・雷本（Mike Rayburn）、伊莉莎白・艾倫、麥可・金（Michael King）在寫作歷程的各階段指導我。感謝你們促使我的信念超越極限。

傑西・范斯坦（Jaci Feinstein）、艾莉絲・羅林森（Elise Rollinson），感謝你們在早期充當我的「右手」。妮可・史隆（Nicole Sloane）、喬安妮・瓦特（Joanne Watt），感謝你們督促我充實了細節。洛瑞・范斯坦（Lori Feinstein），感謝你看見我的價值，並給我創作的空間。

吉莉安・沃斯、麥克・布魯尼（Mike Bruny）大使，感謝你們激勵我深入且刻意的思考「交際」這回事，我之前甚至不敢去想。

感謝約翰・維塔萊（John Vitale），彙整了關於活動音樂學以及活動配樂的對話，並將它們連貫起來。你喚醒了我，讓我更加渴望更大的影響力。

感謝 Man in the Pew 團契，在我不確定自己是否能寫或該寫這本書時，持續給我鼓勵、信念和創意。

雷吉·基德（Reggie Kidd），感謝你在二十年前請我協助你寫書，你讓我知道寫書必須付出多少心力，而且非常值得。

感謝一路上接受我訪問的所有人，包括喬恩·伯格霍夫（Jon Berghoff）、安德魯·高夫（Andrew Gough）、貝克·貝蒂（Baker Bettie）、喬許·艾倫（Josh Allen）、莉茲·萊森（Liz Lathan）、理查·基德（Richard Kidd）、安迪·夏普（Andy Sharpe）、湯姆·史帕諾斯（Tom Spanos）、米米卡·庫尼（Mimika Cooney）、德莉絲·西蒙斯（Delise Simmons）以及其他許多人。感謝你們慷慨的撥出時間並補充見解。沒有你們的貢獻，這本書就不會成真。

丹·米勒（Dan Miller）、史考特·麥凱恩（Scott McKain），你們對這個企劃的熱情讚美令我受寵若驚。我誠惶誠恐的把企劃寄給你們，卻收到我承受不起的讚許。我既不敢當卻又非常自豪，連我自己都不敢相信。

珍妮佛·哈許曼（Jennifer Harshman），妳的編輯替本書英文原版增添了不少光彩。妳是第一個真正稱呼我為作家的人。在此之前，我說過寫作只是我的「其中一把刷子」，但現在我擁有作家頭銜，自豪程度不下於我首次自稱「爵士薩克斯風手」的時候。

喬爾·康姆以及凱倫·安德森（作家經紀人），感謝你們將我介紹給摩根詹姆斯出版集團（Morgan James Publishers）。大衛（David）、吉姆（Jim）、蓋爾（Gayle）、娜歐蜜

（Naomi），以及摩根詹姆斯團隊的其他人：感謝你們相信我身為作家的實力，而且一直扶持我，遠比我們原本簽約的期間還要長久！

如果我的太太與人生伴侶奧黛莉（Audrey）沒有持續鼓勵與相信，我就寫不出這本書。當我手臂麻木到必須打針，以及度過新冠肺炎疫情與種種高峰低谷時，妳都在我身邊。感謝妳代管家務、給我空間創作這本書。我愛妳。

最後，感謝我的上帝與救世主——耶穌基督，給予我寫作、創作、組織與溝通的能力。我知道，我生來就是要創作這本書的（希望以後還有更多本），而且我會永遠心懷感激。

國家圖書館出版品預行編目（CIP）資料

辦活動的技術：從數十人講座、派對，到千人大會，從預算、場地到主講人邀約，如何讓來賓像期待度假一樣還想再來？／菲爾・默尚（Phil Mershon）著；廖桓偉譯 . -- 初版 . -- 臺北市：大是文化有限公司，2024.07
336 面；17×23 公分 . --（Biz；461）
譯自：Unforgettable: The Art and Science of Creating Memorable Experiences.
ISBN 978-626-7448-31-1（平裝）

1. CST：公關活動　2. CST：行銷管理

496　113003332

Biz 461

辦活動的技術

從數十人講座、派對，到千人大會，從預算、場地到主講人邀約，如何讓來賓像期待度假一樣還想再來？

作　　者／菲爾・默尚（Phil Mershon）
譯　　者／廖桓偉
責任編輯／張庭嘉
副 主 編／蕭麗娟
副總編輯／顏惠君
總 編 輯／吳依瑋
發 行 人／徐仲秋

會 計 部｜主辦會計／許鳳雪、助理／李秀娟
版 權 部｜經理／郝麗珍、主任／劉宗德
行銷業務部｜業務經理／留婉茹、行銷經理／徐千晴、專員／馬絮盈、助理／連玉
行銷、業務與網路書店總監／林裕安
總 經 理／陳絜吾

出 版 者／大是文化有限公司
臺北市 100 衡陽路 7 號 8 樓
編輯部電話：（02）23757911
購書相關諮詢請洽：（02）23757911 分機 122
24 小時讀者服務傳真：（02）23756999
讀者服務 E-mail：dscsms28@gmail.com
郵政劃撥帳號：19983366　戶名：大是文化有限公司

法律顧問／永然聯合法律事務所
香港發行／豐達出版發行有限公司 Rich Publishing & Distribution Ltd
地址：香港柴灣永泰道 70 號柴灣工業城第 2 期 1805 室
Unit 1805, Ph.2, Chai Wan Ind City, 70 Wing Tai Rd, Chai Wan, Hong Kong
電話：21726513　傳真：21724355
E-mail：cary@subseasy.com.hk

封面設計／林雯瑛　內頁排版／王信中
印　　刷／緯峰印刷股份有限公司

出版日期／ 2024 年 7 月　初版
定　　價／新臺幣 460 元（缺頁或裝訂錯誤的書，請寄回更換）
I S B N ／ 978-626-7448-31-1
電子書 ISBN ／ 9786267448281（PDF）
9786267448298（EPUB）

Printed in Taiwan